Research on some Theoretical Problems of Wild Animal Protection

野生动物保护若干理论问题研究

林　森◎著

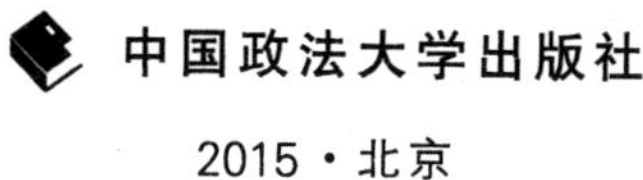

2015 · 北京

图书在版编目（CIP）数据

野生动物保护若干理论问题研究/林森著.—北京：中国政法大学出版社，2015.7

ISBN 978-7-5620-6042-0

Ⅰ.①野…　Ⅱ.①林…　Ⅲ.①野生动物－动物保护－研究　Ⅳ.①S863

中国版本图书馆CIP数据核字(2015)第152814号

出版者　中国政法大学出版社

地　址　北京市海淀区西土城路25号

邮寄地址　北京100088信箱8034分箱　邮编100088

网　址　http://www.cuplpress.com（网络实名：中国政法大学出版社）

电　话　010-58908289(编辑部)　58908334(邮购部)

承　印　固安华明印业有限公司

开　本　880mm×1230mm　1/32

印　张　7.25

字　数　165千字

版　次　2015年9月第1版

印　次　2015年9月第1次印刷

定　价　28.00元

目 录

第一章

野生动物保护的伦理观念

为什么要保护野生动物，应当采取什么措施保护野生动物，对这些问题的不同回答体现了人类对自己与动物之间关系的不同理解，不同的伦理观念决定了人类会采取不同的行为来对待野生动物。一般而言，动物可以先大致划分为野生动物和非野生动物两大类，有关野生动物保护的伦理观念与动物保护的伦理观念有密切关系，因此，在谈及前者的时候，就离不开对后者的分析。

第一节　人类中心主义和非人类中心主义

一、人类中心主义

人类中心主义，又称为人类中心论，是支配人类社会发展的主导力量。根据《韦伯斯特第三次新编国际词典》，人类中心主义的概念先后在三个意义上使用过：一是人是宇宙的中心；二是人是一切事物的尺度；三是根据人类价值和经验解释或认识世界。[1] 总体来看，人类中心主义可以划分为强式人类中心主义和弱式人类中心主义，也有学者使用绝对人类中心主义与相对人类中心主义的划分[2]。

（一）强式人类中心主义

强式人类中心主义或绝对人类中心主义大致相当。从人类历史发展来看，人类中心主义是人类为摆脱生产力水平低下带来的生活困苦而努力与自然博弈的必然结果，这个时期的人类中心主义是从本体论意义上讲的。随着基督教自然观和机械论自然观的先后盛行，人类中心主义转变为认识论意义上的认知，人是自然的主宰，人的理性为自然立法，人是实践的主体，而自然只能成为人类认识和实践的客体，这种建立在“主客观二分法”基础上的思维使得人类认为自己可以任意主宰自然。尤其是这种思维模式中含有强烈的“唯我论”倾向，“这种唯我论倾向在传统人类中心主义那里就表现为自我中心主义价值观。它把他人作为实现自己目的的手段，在实践中就表现为个人中心、团体中心、民族中心、世代中心等等。在处理人与自然的关系时，人们不是把自然和自然资源看成是人类共同的生存基础，而是把它们看成是满足自己私利的手段，从而无所顾忌地掠夺资源。”[3] 但是，当代极端的激进人类中心主义理论家却不以为然，他们认为，

---

〔1〕 裴广川主编：《环境伦理学》，高等教育出版社2002年版，第34～37页。

〔2〕 邱耕田：“从绝对人类中心主义走向相对人类中心主义”，载《自然辩证法研究》1997年第1期。

〔3〕 吴仁平、彭坚：“从传统的人类中心主义走向理性的人类中心主义”，载《求实》2004年第12期。

人类最终还是可以在科学技术的帮助下控制整个自然。美国学者迈克尔·G. 泽依（Michael G. Zey）的两本著作《擒获未来：21 世纪的科技与人类生活》和《改变人类命运的科技力量》就是这种极端思想的集大成者。极端的人类中心主义者不但认为人类可以改变宇宙法则，可以给宇宙注入人的意识和智能，甚至还可以拯救宇宙乃至从根本上改造宇宙、创造出全新的宇宙。[1] 这种极端思想是如此夸张，以至于有学者认为应该称之为“人类沙文主义”才对，原因就在于这种思想片面强调人的主体性，过分强调人与自然对立的一面；片面强调时间目的的主观性，完全不顾及客观事物和对象的属性和规律；片面强调实践的直接有限，这必然会高度扭曲人与自然的关系。

（二）弱式人类中心主义

随着生态危机的不断深化，坚持人类中心主义的学者也不得不开始反思强式的人类中心主义思想，并提出了弱式人类中心主义思想。弱式人类中心主义又称为表层生态学或者浅层生态学（Shallow Ecology），一般认为起始于 1962 年蕾切尔·卡逊（Rachel Carson）的名著《寂静的春天》（*Silent Spring*），该书通过对广泛使用 DDT 对环境造成的危害向世人警示了生态危机的严重性。自此以后，反思唯技术论的负面影响，探寻解决环境问题的解决途径的重大课题开始进入学者的视野之中。

美国哲学家 B. G. 诺顿（B. G. Notron）提出应当提倡一

---

〔1〕 蔡守秋：《调整论——对主流法理学的反思与补充》，高等教育出版社 2003 年版，第 106 ~ 112 页。

种新的环境伦理学，他的观点主要有两个：一是如何在当代人之间做到公正分配自然资源，二是如何在当代人与后代人之间做到公正分配自然资源。在他看来，人的行为不但由感性的偏好决定，而且还应当由理性的理念来决定，强式人类中心主义以个体人类偏好的满足作为评判价值的标准，弱式人类中心主义则力求用理性与慎重的态度对待个体偏好并力求将个体偏好与客观世界达成一致。[1] 美国植物学家 W. H. 墨迪（W. H. Murdy）认为人类中心主义当然以人类的利益为重，突出人类高于其他物种的优越地位是理所当然的事情，因为这对于每一种物种都是相同的。同时，他又认为人类中心主义也处于观念的进化进程中，并不是固步自封、一成不变的，由于诸事物都是互相联系的，没有不对人类生存产生影响的事物，那么人类在处理与自然关系的过程中，就应当承认自然中所有的事物都有价值，这一点是重构人与自然关系的关键。值得注意的是，他认为自然的内在价值应当服从人类改造自然的过程与目的，当自在自然被人化自然所替代时，自然的内在价值才得以实现。[2] 与很多弱式人类中心主义者不同的是，他在一定程度上承认了自然价值，认为人类中心主义不必强调只有人才是价值的来源，这一点同样是非人类中心主义的理论预设。但是，墨迪坚持人类中心主义仍是人类所必须坚持的主张，他断言人类中心主义就是人类要

---

〔1〕 裴广川主编：《环境伦理学》，高等教育出版社 2002 年版，第 36 ~ 37 页。

〔2〕 裴广川主编：《环境伦理学》，高等教育出版社 2002 年版，第 37 ~ 38 页。

识别和保护那些有益于人类发展的因素，因而自然就只具有工具价值。显然，在他看来，承认自然的价值是为了更好地使自然服务于人类的需要，从而避免因人类行为的盲目性和非理性最终危害人类自身。为此，墨迪呼吁人类需要不断提升自己的认识水平，他相信只要能够科学地、理性地认识自然，人类就可以纠正自己的错误，走向正确的道路，因此，经过重新诠释的人类中心主义是可以平衡好人与自然间的紧张关系的。我国也有学者认为应当在坚持传统的主客体二分法认识论的基础上，也要批判现代性与人类中心主义粘连所带来的恶果，为此要提倡一种“成熟的人类中心主义”，这是一种“随着当代社会可持续发展模式的确立以及‘未来匮乏状态’的来临而确立起来的生存观念”。具体而言，一是承认自然具有生态价值，因为自然为人类提供了生活环境；二是应当“反省和批判人类自身的实践活动，自觉地用实践理性去规范实践活动，使人类实践活动具备足够的合理性与自律性”；三是要肯定现代性的积极一面；四是自觉地树立起类意识与后代意识的观念，也就是说要注意代际公平问题；五是克服区域中心主义，具体地说就是强调人类整体的生存利益。[1] 还有的学者认为，人与自然是一种实践关系，自然的价值取决于人的认知和判断，只不过，人的实践活动需要尊重客观规律不可任意妄为，因此就“须倡导一种尊重自然规律的现实的人类物质实践中心，把自然对于人的制约性和人对于自然的能动性协调好，把人对于自然的认识、改造与

---

〔1〕 邹诗鹏：“追求成熟的人类中心主义”，载《吉林大学社会科学学报》1999年第6期。

人对于自身行为的影响的预见、支配和调节结合好”[1]。还有观点认为，人类中心主义是人类走不出的“宿命”，因为人的本质和需要决定了人只能从自己的需要出发，以“自我”为中心来认识和改造自然。说自然和其他物种具有内在价值只是一种以己推物的意识的泛化而已。如果走出人类中心主义只会否认人的社会属性，使人退回到动物。[2] 类似的表述还有很多，其共同点在于要求摒弃强式人类中心主义的观念，防止把人类沙文主义和人类主体主义混淆。他们认为，应当区分本体论与价值论的人类中心主义，人当然不是自然或宇宙的中心，但在价值论意义上，人以自我为中心，始终从自己的利益和需要出发却具有逻辑必然性。

弱式人类中心主义在实践上要求平衡资源的有限性与人类需求无限膨胀之间的矛盾，把人类中心主义所要解决的核心问题归结为资源使用问题，提出的具体方案自然也基本围绕着提出具体的经济和技术措施以缓和人与自然的紧张关系。这种思路扩张出去甚至不排除通过技术来创造生境的地步，它所依赖的知识背景和形而上系统是建立在近代科学理性－简单性理论基础上的知识背景和形而上系统。这一背景系统以整体上的均衡状态为评价指标，以对立统一的矛盾观念为逻辑原则，追求一个在封闭的系统内的相对安全和稳定。[3]

弱式人类中心主义依然是人类中心主义的立场，并且期

---

〔1〕 任暟：“‘人类中心主义’辨正”，载《哲学动态》2001 年第 1 期。

〔2〕 熊进：“走不出的‘人类中心主义’”，载《中国地质大学学报（社会科学版）》2004 年第 6 期。

〔3〕 王耘：《复杂性生态哲学》，社会科学文献出版社 2008 年版，第 10 ~ 16 页。

待用科学技术的进步来调和人与自然之间的紧张关系，这种主张希望通过唤起人类对自然的情感，通过提升自身的内心修养来改造外在的行为。但是，人类中心主义的基本立场决定了人类不可能彻底承认自然具有内在价值。

二、非人类中心主义

（一）非人类中心主义的生态学基础

非人类中心主义的兴起很大程度上得益于生态学的发展。根据生态学的基本原理，生物（biotic）有机体与非生物（abiotic）环境有着不可分割的相互联系并相互作用。生态学系统（ecological system）或生态系统（ecosystem）就是在一定区域中共同栖居着的所有生物（即生物群落，biotic community）与其环境之间由于不断进行物质循环和能量流动而形成的统一整体。生态系统不仅仅是一个地理单元（或者生态区，ecoregion），还是一个具有输入和输出，具有一定自然或人为边界的功能系统单位。生态系统是生态学层次的第一级单位，它是完整的，即包含生存所必需的所有成分（生物成分和非生物成分）。[1] 生态系统是生态学的基本单位，它本身就是一种整体主义倾向的概念。生态学并不是不关注个体，但生态学认为，“组织层次的一个重要意义是组分或者子集合可以联合起来产生更大的功能整体，从而凸显新的功能特性，这些特性在较低层次是不存在的。因此，每个生态层次或者单元上的涌现性（emergent property），是无法通过

---

〔1〕［美］Eugene P. Odum、Gary W. Barrett：《生态学基础》（第5版），陆健健、王伟、王天慧等译，高等教育出版社2009年版，第15页。

研究层次或单元的组分来预测的。”简言之，整体具有个体或部分所不具有的功能，这意味着很多时候原先占据科技发展统治地位的还原论不能帮助我们认识更高的组织层次，而这种知识对于解决生态问题是必不可少的。因此，生态学建议我们“从生态系统层次来讨论生态学原理，适当地关注个体、种群和群落这些生态系统以下的层次以及景观”〔1〕。生物个体不但能适应环境，还可以通过彼此在生态系统中复杂的相互作用，改造地球的化学环境以适应其生物需求。詹姆斯·拉伍洛克（James Lovelock）通过研究生物圈和地球的早期行星环境之间的关系提出了盖娅假说，即地球是一个能够自我调适的复杂的控制系统，在盖娅的帮助下生命才得以产生。〔2〕这意味着地球是一个有机体，有着自己的目的性。人类晚于盖娅出现，但却能够危害盖娅的活力。正是不同物种之间的协作才使得盖娅保持了自己的基本调节功能，人类只是整个自然场景中的一环。

生态学对于我们对待自然的启示在于：〔3〕首先，自然具有目的性，从简单生命的形式和生态系统逐步发展到复杂的生命形式和生态系统，进化了的生命和生态系统具有更高的负熵，更高水平的生物物理化学组织，因而自然和生态系统以及各种生物都具有不同程度的主体性。其次，人类处于生

---

〔1〕［美］Eugene P. Odum、Gary W. Barrett：《生态学基础》（第5版），陆健健、王伟、王天慧等译，高等教育出版社2009年版，第6~7页。

〔2〕［英］詹姆斯·拉伍洛克：《盖娅：地球生命的新视野》，肖显静、范祥东译，上海人民出版社2007年版，第15~35页。

〔3〕卢风：《人、环境与自然——环境哲学导论》，广东人民出版社2011年版，第111~112页。

物圈之中。正因为人类的位置在生物圈之中，所以人类不可能征服自然。再次，自然存在物以相互依赖的方式存在于生态系统之中，人类只能用整体主义的方法去理解自然，认识自然系统。最后，人类适应和改造自然的最佳途径不是企图征服自然，也不是仅仅凭借一己之力去保护自然，而是要认识和学习生态规律，尽可能少地去干涉自然，人类应当尽可能地安分于自己被规定的进化角色。

（二）非人类中心主义的主要学说

1. 阿伦·奈斯的“生态智慧 T”

阿伦·奈斯（Arne Naess）是挪威著名哲学家，他认为不同文化传统和宗教背景的人可以发展出各自不同的生态智慧（ecosophy），并为人们生活和拯救地球提供指导。这些多样的生态智慧可以称为生态智慧 A、B、C……，而他的理论则是其中的一种，被称为生态智慧 T。在奈斯的理论中，“自我实现”是最高原则（ultimate norm），这是因为，从生态学角度来看，生态系统的复杂性和共生能够增加系统的多样性，而多样性又能增加自我实现的潜能；另一方面，从社会学角度来看，人在走向自我实现的过程中既需要自身内在潜能的激发，又离不开社会环境的支持。因此，自我决定有利于发挥自我实现的潜能，而无等级社会所赋予的人人平等的权利观也为所有人寻求自我实现的过程提供了保障。相反，等级社会否认这种平等的权利，因而不能避免征服和掠夺。而征服和掠夺将会减少或消除自我实现的潜能。因此，在奈斯的生态智慧 T 中隐含着一组促进“自我实现”的道德原则，即禁止征服和掠夺，维护和促进最大的多样性和自我决定。[1]

2. 施韦泽的生物中心主义伦理

作为倡导非人类中心主义的早期理论家，施韦泽（Albert Schweitzer）提出了“敬畏生命”的主张，在他看来，每种生命都有内在价值，生命本身就是一种善，应该得到尊重。事实上，他本人就过着一种小心谨慎以避免伤害任何生命体的生活。不过，他并非意在提出某种具体的行为法则，“敬畏生命更是一种态度，这种态度确定我们是什么样的人，而不仅仅是我们该做什么。它描述的是一种品性，或者是品德，而非行为规范。一个有道德的人应持这样的态度：敬畏任何有固有价值的生命。”[2]

3. 泰勒的生物中心伦理

泰勒（Paul Warren Taylor）认为，人只是生态系统中普通的一员，物质之间彼此是平等的，而且所有有生命的物体都有其自身的善，生命体总是想存活下去，生命体总是有自己的目的和方向，无论这个生命体有没有意识到这一点，都不影响说明这种善的存在意味着该生命体具有固有价值，这种价值的存在使得人们应当以尊重的方式对待生命体。据此，泰勒推导出了行为规范意义上的伦理学原则，即不伤害的原则、不干涉的原则、忠贞的原则和补偿正义的原则。不伤害的原则意味着对自然中有着自己的善的事物不要去伤害它，

---

〔1〕 雷毅：《深层生态学：阐释与整合》，上海交通大学出版社 2012 年版，第 13 ~ 19 页。

〔2〕［美］戴斯·贾丁斯：《环境伦理学——环境哲学导论》，林官明、杨爱民译，北京大学出版社 2002 年版，第 154 页。

包括不要杀害个体、不要摧毁种群和生命共同体。不干涉原则意味着不要限制个体的自由，又要求我们对整个生态系统采取一种整体上的“自由放任政策”。忠贞的原则意味着不能以设陷的方式对待动物。补偿正义原则意味着在个体受到伤害但没有致死的情况下，补偿原则要求使个体恢复到以前没有被损害时的状态；如果致死了，则要求代理人对个体处于其中的种群或共同体做出某种形式的补偿。如果某个种群被损害了，则要求对种群剩下的个体作永久性的保护。如果一个生命共同体被整个地毁灭了，无法对其做出补偿，那么，可以通过保护另一个与其相类似的生态系统而做出补偿。[1]

4. 自然价值论

狭义的价值论认为，价值体现的是社会关系，一定的社会关系及人的需要是价值的主体与主观前提，而能够满足主体需要的对象则是价值关系的客体与客观前提，主体与客体，主观前提与客观前提的统一，构成价值的要素。伦理学意义上的机制是社会道德关系的一种表现形式，即道德价值。凡符合一定道德要求的行为就是有价值的善的行为。价值具有社会性、历史性，在阶级社会中具有阶级性。人们的实践活动在价值关系中具有决定的意义。[2] 日本学者北村实认为，价值并不独立于人的欲求或者关心之外，价值离开人的评价就不存在，因此价值并不是内在于事物的，而是依存于人的

---

〔1〕 汪琼：“一种生物中心主义的环境伦理学体系——从泰勒的《尊重自然》一书看其环境伦理学思想”，载《浙江学刊》2001 年第 2 期。

〔2〕 罗国杰主编：《中国伦理学百科全书·伦理学原理卷》，吉林人民出版社 1993 年版，第 269～270 页。

评价。易言之，实在的事物不具有价值，而被人所欲求所评价的东西才具有价值；事物本身没有价值，价值毋宁是欲求或关心的对象。……同样的事物，当它与价值评价没有关系的存在场合与评价对象具有评价结果的场合，即使在外延上是一样的，但在内涵上一定不同。……作为认识结果的真理不管认识到不认识到，都具有不依于个人主观的客观性。然而，作为评价结果的价值并非如此。……价值是作为主体的人的评价结果，而不是客观的属性。[1] 上述对价值的解读是从主客体之间的实践关系来理解的，客体的意义在于对于主体的有用性，强调客体对于主体需要的满足，价值就是客体对于主体的某种意义，没有主体的评价，就不存在“价值”。在西方，这种认识与其自然科学的发展历程以及机械论角度的自然观是一脉相承的。中国的古代哲学长期以来更关注的是社会的伦理道德问题，对于价值的研究不多，而当代中国哲学对于价值的研究基本上承袭了西方的传统范式，多数著作对于价值的认识不出其左右。

广义的价值论认为主体不仅可以是人，还可以是人以外的自然存在物。广义价值论是随着西方环境伦理学和环境哲学发展的产物，其中自然价值论尤为典型，其代表人物是美国学者罗尔斯顿（Holmes Rolston）。罗尔斯顿在肯定进化论的前提下指出，进化论帮助人们认识到了物竞天择的自然规律，但是却未能让人们认识到生态系统相互依存的特性，于是自然似乎只是一片弱肉强食的混乱世界，而生态学的观点

---

〔1〕 王玉樑、［日］岩崎允胤主编：《中日价值哲学新论》，陕西人民教育出版社1994年版，第119～121页。

使得人们逐渐将自然中的种种冲突放在生命的动态系统中来认识。他进一步指出，现代文学和科学强调自然的残酷与混乱，认为自然需要人来监管，而生态学的观点却认为人把自然视为自己所属的共同体，人应该以尊崇的态度来面对它。[1] 罗尔斯顿从三个角度分析了如何评价自然的价值。他从自然的进化过程入手，指出人类的价值来源于自然，是人类的“根”，同时，还产生了“邻居与陌生者”。他指出，未经人工驯化与改造过的自然乃是人类生命的基质，在自然的生态系统中，除了人类还存在着大量较低级的生命体，它们支撑着整个生态网，没有它们人类就无法生存，而没有人类，它们却依然存在，人类越是怀着敬畏与敏感的心灵投入自然，就越是能珍视丰富多样的生命体。

罗尔斯顿认为自然是生命之源，不但人类来源于此，而且其他与人类相似的种系亦如此。从生物学的角度看，它们与人类有着相似之处，二者经常表现出相似甚至相同的性质，例如，很多动物能够感知痛苦，有为其生存而努力的本能行为，有为满足其利益的需要，这些并不仅仅限于人类。罗尔斯顿把非人类生命体比喻为人类的邻居，认为人类应当尊重其他生物的利益。最后，罗尔斯顿谈到自然中那些与人类相异的事物，这里他把这一类事物以“陌生者”来称谓。他认为人类不该忽视超出自己感官认识能力之外的事物，即使微不足道的细菌也有自己的行动轨迹，这些与人类相异的事物拥有为其自身而努力的善。一个充满多样性的世界里有着人

---

〔1〕［美］霍尔姆斯·罗尔斯顿：《哲学走向荒野》，刘耳、叶平译，吉林人民出版社2000年版，第86～88页。

类所无法察觉或尚未察觉到的种种聪慧。虽然自然因为各种生命体都在为了生存而斗争而显得格外无情和残酷，但罗尔斯顿提醒人们注意，在这貌似无序和混乱的自然中，所有的生命确实都是在为自己的生存而努力，但没有一种生命单靠自己就能存活下去，所有的物种都处于一个相互制约的生物共同体中。作为一种物质运动形式，生命之流在各个物种之间的生存斗争中不停地流转，从这个角度出发，他明确指出，“感觉满意与愉快的能力只是自然进化史中较晚近的部分，自然历史成就的价值可以在没有利益满足的情况下发生，可以在与利益满足无关的情况下发生，甚至可以是违背利益满足而发生。……在一个意义上，荒野是最有价值或者说最有价值能力的领域，因为它是最能孕育这一切价值的发源地，不管是涉及我们的‘根’、‘邻居’还是‘陌生者’的价值。因此有经验的荒野旅行者会发现，在‘是’与‘应该’之间标出的‘不许穿越’的禁令无非是一种文化的产物。”〔1〕

（三）非人类中心主义的合理性

无论是强式人类中心主义还是弱式人类中心主义，都坚持人具有最高灵性，也只有人才是对象性的存在，只是弱人类中心主义较之强人类中心主义而言，在面对西方现代工业发展带来的负面效应时显得更加“理性”。在行为规范上，弱人类中心主义要求对人的感性偏好予以限制，强调人运用理性的态度看待自然，以对长远利益的追求取代对短期利益的追求。可是，无论哪种人类中心主义都不反对也不能避免

〔1〕［美］霍尔姆斯·罗尔斯顿：《哲学走向荒野》，刘耳、叶平译，吉林人民出版社2000年版，第233页。

资本主义工业化带来的负面影响，它只是试图调整人类行为的力度，却不会改变人类行为的方向。资本主义工业化注定了不能解决资源有限、环境有限和技术有限的三大矛盾，“工业化生产是在无度地破坏大自然亿万年形成的极其复杂丰富的物质形态和大千世界的条件下展开的，具有突出的反自然本性。这种本性不仅造成了对自然的无可挽回的破坏，而且使工业化本身成为不可持续的物质生产方式，最终必然会走向毁灭。人类不可能也不应该挽救工业化生产方式，而应大力开拓尊重自然、保护自然、促进自然的新型物质生产方式。”〔1〕 人类中心主义的实质就是统治自然，如果人类中心主义者宣称爱护自然，那也是从人的利益出发，而不是为了自然本身。我们必须从系统的、联系的观点认识人与自然的关系，摆正人类在生态系统中的生态位，重新确定人类的行为规范。非人类中心主义反对那种人类对于自然的统治关系，这并不意味着人类不能去触动自然，不意味着不能为了人类自身的发展而在自然面前无所作为。人类确实与动物不同，动物受制于自然的调节机制，动物本身谈不上污染环境或者毁灭自然，但是人类身上还有社会性和文化性的一面，不走出人类中心主义最终只会危及自身的生存。人类只有将道德关怀扩张至自然，才能正确理解人类与自然的关系。

〔1〕 韩民青：“从人类中心主义到大自然主义”，载《东岳论丛》2010 年第6期。

第二节　个体主义与整体主义

一、个体主义

个体主义或个人主义是一个松散、模糊的词，它包括哲学的、政治学的、经济学的、宗教的和方法论的个体主义。总的来说，个体主义是关于个人在社会行动和事物中的自主性的观点和学说。哲学领域的个体主义主要是认识论的个体主义，它将个人的感觉和经验看作是知识的基础。[1] 在个体主义的方法论中，只有个体才是真实的存在，个体才是分析的基本单位，而所谓的“集体”、“社会”等只是用来指称个体和个体行为的某种集合，对这个集合本身的分析最终可以还原为对个体的分析。因此，个体主义视野中的动物保护坚持以个体的角度来看待动物，在这种语境中，动物是作为个体的动物。

（一）个体主义视野中的动物

在古代西方思想史中，动物是被上帝制造出来以满足人类生产生活需要的工具，亚里士多德在《政治学》中就是这么认为的。机械论的代表人物笛卡尔（René Descartes）声称动物是机器，其实他不否认动物具有和人相似的感受能力，他否认的是动物具有心灵，由于心灵与意识相关，而动物没

---

〔1〕 王宁：“个体主义与整体主义对立的新思考——社会研究方法论的基本问题之一”，载《中山大学学报（社会科学版）》2002 年第 2 期。

有心灵自然就没有意识，因此动物不可能像人那样认识对象。[1] 霍布斯（Thomas Hobbes）强调是作为变革性发明的语言才将人与动物区别开来。[2] 然而，达尔文（Charles Robert Darwin）否认只有人才有意识，进化论认为意识不过是一种进化特征，动物也可以具有。那语言是具有意识的前提吗？婴儿在学会说话之前有意识吗？如果否认婴儿具有意识，那就无法解释婴儿何以在没有意识的情况下却可以掌握语言，因此有无意识与是否能使用语言并无关联。[3]

事实上，动物不但有意识，而且具有较复杂的意识，它们能感知、能记忆，具有信念，能够采取自主的行动来满足欲望，具有福利经验。这一系列的事件链条在哲学上可以被合理的推导出，动物具有自我意识，能够在一定程度上认识自己的未来。

1. 功利主义的视角

英国法学家边沁（Jeremy Bentham）从休谟（David Hume）

---

〔1〕［法］笛卡尔：《谈谈方法》，王太庆译，商务印书馆2000年版，第45～47页。

〔2〕［爱尔兰］菲利普·佩迪特：《语词的创造——霍布斯论语言、心智与政治》，于明译，北京大学出版社2010年版，第182～185页。

〔3〕当代有些理论家依然试图否认动物的意识。他们认为，具有意识就要有欲望，要对所欲之物存在某种信念。可是我们不是动物，根本无法体验动物对事物“相信”的是什么，如果无法确定动物持有的信念（如果确实存在这种“信念”的话）的内容，那我们也根本不清楚究竟把什么东西赋予了动物。例如，动物对于骨头所“相信”的那种“信念”显然不大可能与我们对骨头的概念一致，因此我们不可能知道动物是否真的有欲望。然而，对一个事物的理解不一定要具有相同的概念才算是具有信念，一个普通人和一个刑法学专家对于杀人的理解显然存在极大的差异，但是二者的理解必然存在某种双方都能接受的共同之处。这足以说明动物也可以具有某种我们可以理解的信念。

的《道德原理研究》（*An Enquiry Concerning the Principles of Morals*）中借用“Utilitarianism”一词并定义为某种促进所有人共同目的的行动倾向，一般翻译为功利主义。边沁认为，通过设定一些指标考察每个人的心理状态，从而测量出快乐与痛苦，然后给出相应的分数并加总，定量分析的结果会告诉我们应当采取哪种行为。在边沁看来，快乐是人行动的根本目的，评价一个行为的正确性就是看它能否带来快乐，正确的行为就是能使得世界多数人快乐最大化的行为。由于人们追求快乐的行为经常发生冲突，所以在公共政策和立法中，要在多种方案中作出选择十分艰难。功利主义采取的是一种“积聚”（aggregative）的方法，这种方法认为可以把每个人的效用加总，从而得出一个整体的效用，在此基础上根据效用最大化原则进行选择，正确的行为应当是具有最大净效益的那个行为。显然，该理论采取了一种后果主义的原则作为评价行为道德正确性的标准。在经典功利主义思想中，效用与快乐经常是一回事，所以效用最大化就是快乐最大化，因此边沁的理论又被称为享乐功利主义。

英国在现代初期的动物利用方式是非常残忍的，边沁在研究刑法理论时注意到动物受苦背后存在的道德问题。他明确指出，动物的痛苦与人类的痛苦没有性质上的区别，“问题并非它们能否作理性思考，亦非它们能否谈话，而是它们能否忍受。”[1] 这意味着，重要的不是某个个体是否有理性或灵魂，而是能否体验快乐和痛苦，这才是成为道德关怀的

---

〔1〕［英］边沁：《道德与立法原理导论》，时殷弘译，商务印书馆2000年版，第349页。

必要条件。因为动物没有理性或灵魂就可以对其任意妄为的做法是错误的，承认人可以感受痛苦，却否认动物能感受痛苦，这是一种武断。在现代道德哲学中，不偏不倚被认为是道德的本质特点，因此必须平等看待每个道德行动者，没有人可以被认为本来就比其他人更加重要，可以获得更多的优待。当然，要求我们对在道德上处于相似状况的个体一视同仁，这并不是说我们要给他们完全相同的对待，而是说，每个人在道德考虑中都处于相同地位，除非确实存在道德上的实质差别。这样，不偏不倚就与平等联系起来。平等并非描述事实上的状态，而是一种处理问题的基本态度，是一种形式平等。享乐功利主义就采取了形式平等原则。边沁认为，每个人只能算作一个，没有人可以被算作更多。同时，因为每个人的福利水平不同，一个特定行为总是对相关的每个人产生不同的影响，如果我们要判断一个行为的道德性，那就必须把相关的所有影响都考虑进来。享乐功利主义是一种典型的后果主义理论，而且对快乐的阐述非常符合我们的生活直觉，避免了别的理论的繁琐和抽象，非常有说服力。这个理论承诺了一个形式化的平等原则，因此人和动物的苦乐都应平等地纳入道德考虑也就不奇怪了。

不过，边沁的理论并不意味着放弃对动物的利用。例如，让动物生活在充分符合其本性的环境中，让它们吃饱喝足，快乐地生活，并且绝不施加各种不必要的痛苦，这当然就增加了世界的快乐。可是很多人善待某种动物的同时还在食用农场动物，并为此感到不安，他们关心的是这个问题：还能继续食用动物吗？享乐功利主义的回答是肯定的。通过技术手段将其无痛杀死，世界并不会因为个体生命的终结而减损快乐。无痛杀死作为个体的牛，接着再用另一头牛占据前者在农场里的位置，这个过程不断循环，每一头牛都能过上快乐的生活。既然世界的快乐根本没有任何损失，我们就可以放心食肉了。这种论证被称为替代论证。我们完全不必为食用农场动物而内疚，因为它们的一生并未遭遇痛苦。

在现代社会，彼得·辛格（Peter Singer）是功利主义动物保护理论的代表，他在1975年出版的《动物解放》（*Animal Liberation*）一书中呼吁平等对待动物的痛苦。辛格参照人类自我解放的历史进行论证，他指出我们曾经以各种各样的理由压迫人类共同体中的某些成员，而那些如性别、肤色、地位等理由，都被证明完全不具有正当性，“任何种族、性别或物种遭受痛苦都应当防止或减少”[1]，允许给动物造成无端的痛苦就是一种物种歧视，它与历史上人类社会内部的各种歧视没有本质区别。“利益的平等考虑原则是最弱的平等原则”[2]，动物也应当得到“解放”。与边沁不同，辛格强调偏好，一个最佳的行动应当是能够满足所有个体利益或偏好的行动，既然要平等考虑每个个体的偏好，动物也不该例外。偏好意味着我们应当尊重每个个体的利益，对于动物而言，生存显然是最重要的利益和偏好，因此，我们有义务采取素食主义的生活方式。

2. 雷根的批评

动物权利论的代表人物汤姆·雷根（Tom Regan）提出

---

〔1〕［美］彼得·辛格：《动物解放》，祖述宪译，青岛出版社2004年版，第17页。

〔2〕［美］彼得·辛格：《实践伦理学》，刘莘译，东方出版社2005年版，第24页。

了与功利主义不同的动物保护理论。

(1) 雷根对康德的批评。雷根的论证强烈批评了康德(Immanuel Kant) 对动物的认识，尽管如此，他的理论推导却依然是康德主义的。

康德认为，人类道德的基础不是感性的欲望而是我们的理性意志，人性在本质上与理性并无区别，每个理性存在者都是作为目的的存在，是道德主体，因此绝不能把他们仅仅当作工具和手段。康德的绝对命令要求每个理性存在者去做正确的事情，道德上正确的事情必须仅仅因为那是一种责任、一种义务，而不是出于个体利益的考虑或感性欲望的指引才去行动，每个理性存在者对其他理性存在者都负有道德上的直接义务。在康德看来，如果出于自我利益的考虑或者感性欲望的引导而行动，即使结果与出于责任而行动是相同的，却不能称之为道德上正确的行动。与功利主义从结果出发评价一个行为不同，康德的理论强调绝对命令对理性存在者具有无条件的约束力，即使这个理性存在者内心并不愿意这样行动，甚至行动没有产生理想的结果也是如此。可这样一来，非理性存在者因为无法对理性存在者采取绝对命令所要求的行动，就不能被认为是被尊重的目的本身，如果我们对非理性存在者负有某些义务，那也是一些间接义务。康德似乎在说，伤害一个非理性人类存在者的行为就其本身而言在道德上竟然无所谓对错，如果算错，那也是因为这么做使得我们违背了对其他理性存在者的直接义务。这种暗示严重冒犯了我们的正义感，非理性存在者和理性存在者同样可以受到伤害，并表现出相同的反应，如果我们不能伤害后者，那同样也不能去伤害前者，“问题涉及二者共有的体验痛苦的能力，而不是二者的不同能力。如果不让道德主体无端遭受痛苦是我们直接对他们负有的义务，那么，不对人类道德病人做出同样行为的义务也必须是同种义务。否则我们就是在无视形式化正义的要求：我们在具有相关相似性的两种情形中采取了不同对待。"[1] 康德明确表明，如果残酷对待动物，我们就容易养成漠视他人痛苦的糟糕品性，而这违反了我们对其他理性存在者的直接义务。[2] 康德实际上认为，动物仅仅是一种"物"，我们应当按照适合这种"物"的性质的方式正确地予以利用，而残忍的行为（如虐待）是一种错误的利用方式，会使人养成残忍的习惯，以后可能去残忍对待其他理性存在者。但康德错误地理解了动物的本质。动物有自主性，并可以采取行动实现自己的偏好，将其视为与邻居院子里的篱笆墙那样的"物"没有依据。雷根认为，康德的时代对于动物的认识相当粗浅，缺乏依据，而今天科学证实动物和非理性人类存在者一样都可以感知痛苦，同样的道理，对待具有相似性的动物，我们也应对其负有直接义务。

雷根进而质疑道，如果康德将作为目的本身存在的人类从理性个体存在者扩张至所有一般的人类，说动物是为了整体的一般人类的利益而存在，他将面临一个新的问题，要么他必须否定自己的立论基础，即只有理性存在者才能作为目的本身而存在；要么就如雷根所言，康德不得不承认"成为

---

〔1〕［美］汤姆·雷根：《动物权利研究》，李曦译，北京大学出版社 2010 年版，第 154～155 页。

〔2〕康德在《伦理学演讲录》中明确认为动物没有自我意识，并且仅仅是作为一种目的的手段而存在。参见［澳］彼得·辛格、［美］汤姆·雷根：《动物权利与人类义务》，曾建平、代峰译，北京大学出版社 2010 年版，第 25 页。

道德主体就不再是成为目的本身的必要条件（尽管可以是充分条件）”。[1] 动物不是道德主体，但作为具有经验福利性的个体，逻辑一致性要求我们不能武断地一边承认对非理性人类存在者负有直接义务，却否认对动物也负有直接义务。

（2）雷根对契约论的批评。“契约就意味着要以某种主体性、某种能动性作为其成立的基本条件。”[2] 与古典自然法理论不同，契约论认为道德原则是通过契约协商经过社会承认而产生的，为了防止理性利己主义者在协商过程中只考虑自己的利益，就必须做到在契约订立时能不偏不倚地挑选社会的正义原则。罗尔斯（John Bordley Rawls）通过设想无知之幕提出了著名的正义论。罗尔斯用无知之幕来排除订约人的自利考虑，促使其能公平地挑选社会的正义原则。罗尔斯认为，与那些通过协议和制度安排而产生的义务不同，自然义务的特征在于其适用不涉及我们的自愿行为，而勿残忍义务和正义义务就是这样的自然义务。[3]

契约论要求挑选正义原则的人具备道德能动性，同时罗尔斯说：“尽管我没有主张正义感能力对于享有正义义务是必要的，似乎的确没有人要求我们对缺乏这种能力的动物给予严格的正义。但是，这不等于说在如何对待它们这方面不存在任何要求，也不等于说在我们同自然秩序的关系中不存

---

〔1〕［美］汤姆·雷根：《动物权利研究》，李曦译，北京大学出版社 2010 年版，第 155 页。

〔2〕何怀宏：《契约伦理与社会正义》，中国人民大学出版社 1993 年版，第 15 页。

〔3〕［美］约翰·罗尔斯：《正义论》，何怀宏、何包钢、廖申白译，中国社会科学出版社 2009 年版，第 88 页。

在任何要求。毫无疑问，残酷地对待动物是错误的，消灭一个种系可能是一种极大的恶。对苦乐情感的能力，以及对动物能够采取的那些形式的生命的能力，施加给人类对于这些存在物的同情的义务和人道的义务。”〔1〕罗尔斯明确人类对动物负有某种义务，但这种义务是否是一种严格的正义义务呢？他似乎认为正义感是决定享有正义义务的必要条件，但他的表述恰恰不那么肯定。

雷根假设站在罗尔斯的立场就此提出两个可能的解释。一个强的解释是，罗尔斯认为成为道德主体是享有正义义务的必要条件；一个弱的解释是，成为道德主体是充分条件，但仅仅“似乎”是必要条件。那么，罗尔斯所说的我们负有勿残忍对待动物的义务究竟是什么性质呢？在罗尔斯的理论中，与职责不同，自然义务的特征是它在所有人之间平等适用，这与人们的自愿行为无关，与人们实际所处的制度安排也无关，一个基本的自然义务是正义的义务，而对个体的勿残忍义务就是这样一个自然义务。〔2〕罗尔斯认为正义义务和勿残忍义务都是自然义务，可如果我们不对动物负有自然义务，也就是不负有直接义务，那他要求我们负有对动物的勿残忍义务还是自然义务吗？雷根认为罗尔斯无法自圆其说，“要么成为人类是确定我们对其负有或‘似乎’负有自然义务的决定性考虑，这样他就不会认为我们对动物负有不残忍

---

〔1〕［美］约翰·罗尔斯：《正义论》，何怀宏、何包钢、廖申白译，中国社会科学出版社2009年版，第404~405页。

〔2〕［美］约翰·罗尔斯：《正义论》，何怀宏、何包钢、廖申白译，中国社会科学出版社2009年版，第88页。

对待它们的义务。要么成为人类不是决定性的考虑”。有人认为正义义务只能在可以互负责任的理性存在者之间存在，而勿残忍义务则不然，雷根反驳道：“动物无法对他人负有勿残忍义务的事实，如果没有排除（或者至少‘似乎’排除）它们被亏欠那一义务的可能；那么，动物无法对他人负有正义义务的事实，却排除了它们被亏欠那一义务的可能（或者至少‘似乎’被亏欠那一义务）。”[1] 勿残忍对待动物作为一种自然义务，既不依赖于任何既定的制度安排，也不取决于人们是否为此达成了一致协议。还有人辩解：罗尔斯强调在无知之幕后的人们至少知道自己“化身”到现实世界中时肯定是人类，因此把动物排除出享有正义的个体之外就避免了自相矛盾。雷根不同意这种辩护，如果原初状态下的订约者一边承认对动物的勿残忍义务，一边又否认对动物的正义义务，那么他们就很难解释自己究竟援引了何种相关差异作出这样的判断，因为这会使他们达成协议的依据无法保持一致。成为人类的理由也一样，不能提供为何前者是自然义务而后者却不是的辩护。于是，不管强的解释还是弱的解释都将使罗尔斯面临两难的境地。

也许只要将对动物的勿残忍义务解释为一种间接责任，罗尔斯就避免了逻辑上的矛盾，可雷根认为，罗尔斯没能区分两种能力，即“在不同的正义原则之间作出选择就必须具备的能力”和“被亏欠正义义务就必须具备的能力”。无知之幕背后的理性存在者如果不具备对正义感的认识就无法挑

---

〔1〕［美］汤姆·雷根：《动物权利研究》，李曦译，北京大学出版社2010年版，第141页。

选正义原则，可是因正义义务受益的人却不必如此，只要一个个体具有福利经验就足以成为正义义务的受益者。

总之，允许原初状态下的人事先知道自己将会变为道德主体，就不可能做到不偏不倚地挑选正义原则去保护道德病人的利益。雷根认为："允许身处原初状态的人知道自己将属于什么物种，这无异于允许他们知道自己将属于什么种族或性别。……如果拒绝让人们知道关于自己生活的诸多特定可能，因为这些知识会给正义原则的选择带来偏见，但同时却允许人们知道自己将会在化身之后属于智人，那么无知之幕就还不够厚实。"[1] 假设原初状态下的人化身之后成为低能人或处于更糟糕的状况，雷根认为此时拥有道德人格的决定性关键特征（认识正义）就不会是个人同一性的标准，因为这明显是在采取双重标准。坚持原初状态下的人就是知道自己将会化身为人类没有回答实质问题：动物究竟怎样才能不武断地被排除享有正义义务？

雷根认为，挑选正义的原则确实需要具备一定的能动性和理解能力，可是正义义务的受益者却不必如此。既然罗尔斯认为我们对动物负有勿残忍义务，那就没有理由对它们不负有正义义务。也就是说，我们对动物负有不去伤害它们的直接义务。

（3）对功利主义的批评。雷根批评的重点是占据动物保护主导地位的功利主义思想。在他看来，享乐功利主义坚持后果主义会产生一个严重的问题：允许通过伤害个体去满足

---

〔1〕［美］汤姆·雷根：《动物权利研究》，李曦译，北京大学出版社 2010 年版，第 144 页。

多数人的快乐，而这会导致非正义。密尔（John Stuart Mill）在《论自由》（*On Liberty*）中试图调和这一矛盾，他承认应对效用最大化有所限制。[1] 然而，功利主义是信奉单一原则的理论，密尔一边认为行为的道德正确性要坚持功利主义的判断，一边却又在对个体自由限制的场合坚持另一种原则，功利主义自己出现了逻辑上的不一致。[2] 哈耶克（Friedrich August von Hayek）也批评，功利主义从后果主义出发评价和选择行动，这假定了我们能够对产生行为规则的因素有全知全能的认识能力，可实际上，人们之所以要发展和建立规则，恰恰是因为并不知道某一行动会带来什么后果，这样一来，功利主义倒是很可能导致我们对所有规则的否定。[3] 偏好功利主义试图在坚持效用是最高原则的同时也容纳实质道德原则的力量。然而，辛格也不得不承认，个体间偏好的对立会导致某些偏好被另一些偏好压倒。辛格认为，对具有自我意识的动物，应当尊重其偏好，即继续存活下去的欲望，这符合它们的利益，为此我们要选择素食主义。一个最佳的行动应当是使每个相关个体都可以使其偏好或利益得到满足的行动，而不是快乐最大化。看起来这个理论对某种效用（如快乐）施加了一些道德上的限制，被认为对素食主义提供了说明。我们已经知道享乐功利主义根本上不反对食肉，那偏好

---

〔1〕 宋希仁:《西方伦理思想史》，中国人民大学出版社 2004 年版，第 302 ~ 303 页。

〔2〕 徐向东:《自我、他人与道德——道德哲学导论》（下册），商务印书馆 2007 年版，第 797 ~ 798 页。

〔3〕 张立伟:《权利的功利化及其限制》，科学出版社 2009 年版，第 116 ~ 117 页。

功利主义对素食主义的辩护是可行的吗?

由于每个个体的偏好依然会互相对立，辛格不得不承认有些偏好会被别的偏好压倒，理由何在?辛格可以说，只要我们持之以恒坚持素食主义，总有一天，素食主义者的偏好积聚起来就可以压倒动物产业和食肉者的偏好积聚，让农场动物饲养无利可图从而关门大吉。听起来很美，素食主义者越来越多，传统与文化的观念也就得以改变，最终，人们不再经营农场动物，不再食肉。可是，这一逻辑是有问题的，因为很多人就是不愿放弃食肉的偏好，如果一个人想要逃避放弃食肉，在功利主义的计算中，他们要做的就是吃更多的肉!这一点实践起来相当容易，而且根本不必担心他们吃不下那么多肉。因为吃肉的习惯太自然了，吃肉的人何其之多，素食主义的集体影响完全可以被抵消，认为食肉的习俗将会随时间一一消失的设想永远也不可能实现。事实上，人们转变为素食主义者倒很可能减损整个世界的福利水平。吃肉对很多人而言可不像辛格认为的那样，比起动物的死亡是某种微不足道的利益。你越是坚持素食主义，食肉者当下就会吃更多的肉，农场动物的经营只会更加兴旺，会有更多的动物遭受更多的痛苦。素食主义当然是有意义的事情，矛盾的是，当你实践素食主义时，竟然却使得动物遭受更大的痛苦，如果原因不在素食主义那里，那一定是偏好功利主义本身有问题。最终，辛格还是走回了享乐功利主义的老路，以偏好的积聚性计算作为判断依据，每个个体本身并不是考虑的重点，真正有价值的是偏好而非快乐，是否具有感受和体验的能力才是关键，这与边沁的观点并无本质区别。

就算这么做解决了为何保护动物的问题，但却没有解决如何保护动物的问题。因为我们对什么才是人类的利益，什么行为有助于促进人类的利益，持有太多不同甚至对立的看法。“活熊取胆”可能是个幸运的例子，因为被证明不符合“人类利益”（这仍然存有疑问。很少有人能说明，企业员工及其家庭的利益，还有企业上市带来的经济效益，这些何以会不被算作“人类利益”），但当很多地方政府颁布的法律宣布连你家的宠物狗也要清剿时，你恐怕很难觉得这符合什么“人类利益”，但这么做确实可能符合其他层面考虑的“人类利益”，你感到不安，但那也只是你自己的问题。动物保护者在高速公路上拦截运狗车辆，可狗是别人的财产，拦截行为违反了物权法，侵犯了他人的所有权，本质上和抢夺珠宝并无两样，那究竟应当保护谁主张的“人类利益”？以“人类利益”为由，在这里说得通，在那里却说不通，于是，最直接的办法，就是又回到功利主义的积聚性计算中来，在各种方案中选择那个能让受到影响的相关个体都能接受的某种“人类利益”，其实质无非是快乐或偏好最大化而已，可是前边已经说明这行不通。

功利主义确实减免了一些痛苦，但也继续支持一些痛苦，例如，在海洋公园表演的海豚，很少有人意识到那种残忍不比“活熊取胆”好多少，虽然看起来它们很快乐，吃喝不愁，即使是动物保护者也很难说海豚应该回归大海。动物福利法确实规定了人们的行为规范，但是，依然不清楚的是，让动物遭受痛苦本身的道德性是怎样的。雷根认为，功利主义的根本缺陷在于，享乐功利主义把人和动物都看作是某种可以体验快乐与痛苦的容器，而真正有价值的是容器里的快乐与痛苦，在辛格那里，快乐只不过被换成了偏好而已。因此，为了快乐或偏好的最大化，即使打碎容器也并不错误。对于动物保护者而言，诉诸功利主义只能使得动物得到形式上的平等对待，但无法实现实质上的平等对待。这种论证将导致一个危险的结论：仅仅为了让多数人的快乐最大化，通过伤害某个个体来达到这个目的就是应该的。诺奇克（Robert Nozick）指出："功利主义理论被这样一种可能的功利怪物纠缠着，而这种功利怪物能够从他人的牺牲中获得比这些人所遭受的损失大得多的功利。这种理论看来要求我们所有人都牺牲在这个怪物的胃里，以便增加总的功利，而这是不可接受的。同样，如果人们在对待动物方面是功利的饕餮者，总是从每个动物的牺牲中获得更大的相应的功利，那么我们可以感觉到，'对动物的功利主义和对人的康德主义'几乎总是要求（或允许）动物做出牺牲，这样就使动物处于一种对人过于从属的地位了。"〔1〕

3. 权利的观点

权利可以被理解为某种界限，界限内权利主体享有某种自由和利益，而界限之外的他人没有正当理由不得侵犯或剥夺权利主体的利益。权利对他人而言总是设定了一些应对权利主体为或不为某种行为的直接义务。这样，道德权利就与道德义务联系了起来。格老秀斯（Hogo Grotius）、霍布斯、洛克（John Locke）等思想家认为权利的本质就是自由，权

---

〔1〕［美］罗伯特·诺奇克：《无政府、国家和乌托邦》，姚大志译，中国社会科学出版社2008年版，第50页。

利的行使乃是“意志的自由行使”〔1〕，权利意味着权利主体的行动和选择自由，这就是权利的选择论。但是，选择论无法解释严重智障者享有权利的现象，于是权利的利益论应运而生。德国法学家耶林（Rudolph von Jhering）认为权利的背后是利益，提出一项权利就是要保障某种利益，而非理性存在者显然具有自己的利益。权利的存在不以权利主体的认识为前提，严重智障者无法认识生存权，但这不妨碍他享有这一权利。在道德哲学中，不是所有的利益都可以成为权利，例如，我们不会认可某人有随意伤害他人的权利，这说明道德权利保护的是某种具有根本性的利益。

雷根没有直接说动物有权利，他先是论证为何不能伤害道德主体，原因在于他们作为特定个体自身具有“固有价值”，这种价值无法被还原为像是快乐那样的内在价值，也无法与之通约，因此固有价值与内在价值无法交换也无法比较。〔2〕那么，道德病人是否也具有同样的固有价值呢？雷根认为“生命主体”的概念表明，无论道德主体还是道德病人都具有相同的固有价值。符合以下特征者就是生命主体，即“信念和欲望；感知、记忆以及未来感，包括对自己未来的感觉；情感生活，同时伴随对快乐和痛苦的感受；偏好利益和福利利益；启动行为来追寻自己欲望和目标的能力；时间进程中的心理同一；某种意义的个体福利——个体体验着或

---

〔1〕夏勇：《人权概念起源——权利的历史哲学》，中国社会科学出版社2007年版，第116～117页。

〔2〕［美］汤姆·雷根：《动物权利研究》，李曦译，北京大学出版社2010年版，第198～199页。

好或坏的生活，这个体验在逻辑上独立于个体对他人所具有的效用，也无关乎他们自己成为任何他人利益的对象”[1]。生命主体标准确认了道德主体和道德病人具有相似性，动物作为道德病人也不例外，因此动物也具有那种固有价值。如果因为固有价值的存在，我们不能伤害道德主体，那也不该伤害包括动物在内的道德病人。尽管雷根并没有解释固有价值究竟是什么，但他强调固有价值的存在与它对其他人的那种好处无关。快乐是可以互换和彼此通约的价值，因此功利主义才可以进行积聚性计算，可固有价值却不是。生存是生命主体的根本利益，这个利益源于固有价值，构成了他们的初始道德权利，而这项权利要求其他人必须以尊重他们的方式对待他们，即不去伤害他们，因而其他人就必须承担对生命主体的直接道德义务。仅仅为了获取某些更大的好处就伤害他们，就是没有以尊重的方式对待生命主体，固有价值的存在不允许我们把生命主体仅仅当作手段和工具来对待。雷根认为，诉诸权利的观点避免了功利主义的缺陷，为我们对动物负有不去伤害它们的直接义务作出了最佳说明。

受到尊重的权利只是一项初始权利，并不是不可以被压倒，但压倒必须诉诸有效的道德原则。雷根从尊重原则中推导出两个道德原则。第一个是最小压倒原则：原则上，对数量的考虑可以压倒初始权利。例如，如果要在伤害少数无辜者和多数无辜者之间选择，数量的考虑就起作用，我们应当选择压倒少数人的权利。但这里有个前提，那就是每个个体

---

〔1〕［美］汤姆·雷根：《动物权利研究》，李曦译，北京大学出版社 2010 年版，第 205 页。

所受到的伤害初步相当，这一点非常容易与功利主义混淆，功利主义把个体当作容器进行积聚性计算，但在雷根那里，根本就不存在个体的积聚性总和，而是只存在每一个平等的个体，比较是在每一个分离的个体之间进行的。第二个是恶化原则：原则上，对数量的考虑不能压倒初始权利。与最小压倒原则不同，这里假定每一个个体所受的初步伤害并不相同，少数无辜者如果受到伤害将使其落入比其他多数无辜者中的任意一个都更为糟糕的处境中，那么应当选择压倒多数无辜者的权利。在这里，雷根的观点明显与功利主义不同。后者考虑的是积聚性快乐或偏好的最大化，因此，如果要在严重伤害一个个体和给其他许多个体造成轻微的不适之间作出选择，只要其他多数个体轻微不适的积聚性总量超过了严重伤害一个个体产生的痛苦时，功利主义就会支持严重伤害那个单独的个体。但雷根不允许这么做。首先，雷根否认食用动物具有正当性。放弃肉食导致的快乐或偏好的减损与动物的死亡相比，显然是后者承受了远远超出前者中任何个体的伤害量级，剥夺动物的生命就是剥夺了其未来的一切可能，动物陷入了最糟糕的处境，所以肉食者的快乐或偏好不能压倒动物的权利。人道饲养和无痛宰杀也不能为食肉作合理辩护，因为被杀死的动物哪怕只有一只，动物为此蒙受的是终极的、不可逆转的伤害，而食肉者中的任意个体却不是。农场动物被当作可再生资源来对待，就是一种仅仅视之为容器的看法，只要伤害、食用它们可以给生产商和消费者带来好处，而这种好处经过积聚性计算肯定是能够带来最大效用的快乐或偏好，雷根坚决反对的恰恰是这种功利主义的计算。其次，在实验动物的问题上，雷根认为使用哺乳动物不具有正当性。医学实验及其他实验对动物的伤害几乎不比农场动物的下场好多少，同样的推理也适用于实验动物。他指出，无论这些实验的结果有效与否，都不能得到辩护，医学自身应当改变发展方向，根本原因就在于实验侵犯了动物的道德权利，这本身就是错误的。简言之，如果我们不能用低能人做医学实验，那么动物也不可以。最后，权利的观点反对副效应（side－effects）的考虑，因为考虑行为对诸多相关者的影响并进行积聚性计算，同样会导致我们选择严重伤害少数个体来免除多数的分离的个体所承受的轻微不适。

动物权利论“要求保护动物的完整性，如保护其作为特定物种的各种习性以及独特的能力上的完备性等，反对各种以科学和人道的名义对动物的工具性使用和商业开发。动物权利进一步延伸就难免呈现废除主义（abolitionism）特征”。[1] 但法律依然将动物作为物来对待，并未规定动物权利，而且道德权利与法律权利的关系非常复杂，前者即使存在，一般也不可能直接转化为后者。但雷根认为必须去做正确的事情，法律不是权利的唯一来源，也没有穷尽所有的权利，人权就不因法律的漠视而不存在。法律权利的道德性是当代法学最重要的问题之一，事实上很多法律权利就缺乏道德性，而道德是评价法律权利的重要标准，因此法律规定不能成为否认动物权利的标准。

当然，动物不懂政治，当然没有投票权，但它们有生命权，这个权利不是强行赋予的，而是它们本来就有的权利。

---

〔1〕 黄晓行、李建军：“关于动物道德地位的伦理辩护”，载《自然辩证法通讯》2011年第6期。

剥夺一个“生命主体”的生命权，就是剥夺其一切利益和可能，使之陷入最糟糕的不可逆转的境地中，而其他任何一个个体的人类利益的损失却不是这样，权利的观点拒绝通过伤害“生命主体”去满足他人的利益。所以，必须停止食肉，停止使用动物做各种残酷的实验，无论这么做能带来多少好处。动物权利并不是任何时候都不能被压倒，但压倒的理由绝对不是什么积聚性的计算。

4. 动物权利理论的模糊地带

雷根的理论确实严重打击了功利主义的理论，可是，动物权利理论自身也存在着一些模糊之处。雷根在自己的著作中很清楚地说明，他所说的动物乃是指“一岁以上精神正常的哺乳动物”，原因很简单，一般来讲，也只有这个范围内的动物才毫无疑义的符合“生命主体”标准。可是，对于那些明显不符合这个标准的动物该怎么办呢？例如，鱼类和鸟类就很难像哺乳动物那样具有自我意识，而雷根恰恰对此没有进行严格的论证，他只是说，为了保险起见，最好将“生命主体”扩张适用至这些动物，这在理论上显然存在不足。

另一方面，雷根的著作中专门列出一个章节探讨对待野生动物的问题。从他的篇章结构来看，他的论证主要是针对非野生动物而言。但是雷根认为，他的论证结论同样适用于野生动物。由于动物权利理论是一种个体主义的思想，所以雷根坚持，杀死作为“生命主体”的个体的野生动物是道德上错误的行为，他强烈批评了现有的野生动物资源管理法律，因为这些法律完全是把野生动物作为“物”来对待，这是一种功利主义思想指导下的野生动物利用制度。雷根认为，野生动物保护的法律只需要做一件事情，那就是让它们自由自在地生活，而不是通过人为措施去“管理”它们，因为那些所谓的“管理”措施无非就是驱赶和杀死野生动物，其目的不过是为了人类获取某种好处，这就是没有尊重野生动物个体的固有价值的做法。显然，坚持个体主义的进路，雷根得出这样的结论是很自然的，而且他明确否认“物种”的概念，在他看来，只有作为个体的野生动物才有意义，作为整体的“物种”的野生动物是不存在的，这个概念为把作为“生命主体”的野生动物仅仅当作工具来看待的观点打开了大门。虽然学理上一般都认为动物权利理论是典型的非人类中心主义思想的重要分支，可实际上雷根的理论与主流的非人类中心主义思想不同，他的理论直接聚焦于动物，而不是整体的自然或生态系统，而且他否认利奥波德（Aldo Leopold）的土地伦理具有正当性，那种为了整体生态系统的和谐与稳定而去杀死个体的野生动物的环境哲学是无法接受的，雷根甚至直接将这种思想称之为“环境法西斯主义”。

雷根的理论无疑太严格了，因而受到了强烈批评，尤其是他否认物种的概念，拒绝从整体的角度分析问题，“生物种群之间、生物个体之间的关系问题（亦即包括人类在内的动物界的生存竞争问题）被看成从属于个体问题的附庸，就好像在动物种群之间、动物个体之间的关系得到合理界定之前，动物个体就已经具有自身完整的意义……这显然是遮蔽和歪曲现实的理论”。[1] 另有一些动物权利理论家提出了相对温和的主张，玛丽·沃伦（Mary Anne Warren）主张一种

〔1〕 崔拴林：“论动物福利概念的内涵——动物客体论语境下的分析”，载《河北法学》2012 年第 2 期。

弱化了的动物权利论。该观点认为动物权利并非源于它们的固有价值，而是动物的利益，“对杀死有感觉能力的动物的行为的合理性进行严格的道德辩护是必要的，但如果仅仅是为了娱乐或其他琐碎目标，就不能随意杀死它们。”[1]但是，这种主张依然是个体主义的主张。

二、整体主义

一般来讲，整体主义有三种使用方法：一是存在论意义上的整体主义，即通常人们所讲的“整体是部分的有机结合”、“整体大于部分的总和”等，这实际上是一种系统论的观点；二是方法论意义上的整体主义，即通常所说的从整体的角度去认识事物；三是价值论意义上的整体主义。在西方，整体主义的思想可以追溯到古希腊时期。在古希腊，城邦是全体公民予以忠诚的最高实体，城邦作为一个整体，其利益高于公民个人的利益。整体主义是与个体主义不同的另一种研究方法，整体主义反对个体主义那种“化约主义”的思维，认为在分析“社会”、“整体”这样的概念时要坚持综合的方法，整体虽然是个体集合而成，但是整体本身拥有个体所不具有的属性，这种“多出来”的属性就是整体的结构属性，而个体主义的分析方法在把整体还原为原子式的个体时会忽略这种结构属性，因而不能准确地认识整体。在个体主义那里，对个体的研究和解释就是对整体的研究和解释，而整体主义则认为，整体的结构属性才是制约和决定个体行为的根源。

---

〔1〕 杨通进：“动物拥有权利吗”，载《河南社会科学》2004年第6期。

事实上，作为整体的生态系统具有个体所不具有的功能与属性。理解这一点，关键在于如何理解显性属性（emergent properties），“即在复杂适应性系统组织过程中出现的独特特征和行为。一旦注意到显性属性，想要‘认识’事物就变得非常容易。”〔1〕这是理解人类与生态系统之间关系的关键。

（一）利奥波德的土地伦理

利奥波德的土地伦理是典型的整体主义环境伦理思想，他在《沙乡年鉴》中表述了自己的主张。土地伦理主要包括以下几个方面的内容：一是伦理扩张。利奥波德认为，在处理与土地之间关系时采取何种行为方式取决于人们对土地的态度，而对土地的态度又取决于对土地的认识，因此首要解决的问题是改变人们对土地概念的理解和认识，利奥波德正是从界定土地概念而展开土地伦理思想的。二是土地共同体。首先，利奥波德扩展了土地概念的范围，认为土地不仅包括土壤，还包括在它上面生长的动物、植物和水、空气、气候等。其次，利奥波德把人纳入土地共同体范畴，认为人与土地共同体中的其他成员处于同等的地位，这就改变了以往人们关于人在自然中地位的认识。三是生物区金字塔。利奥波德将“生物区系金字塔”描绘成一个流动的结构，他使用“能量流”、“食物链”等生态学术语来说明生物共同体内部的联系，能量流从这个金字塔的底层（土壤和植物）通过昆虫和更高一级的动物流向那些构成顶层的大型食肉动物。人

〔1〕［英］杰拉尔德·G. 马尔腾：《人类生态学——可持续发展的基本概念》，顾朝林、袁晓辉等译校，商务印书馆2012年版，第43页。

类则与那些杂食动物（如熊等）处于同一层次。因而单纯从经济利益出发决定对资源的好恶和生物的去留是绝对片面的，不考虑生物有机体的复杂性和土地共同体的整体利益也是不正确的。四是土地伦理的原则。土地伦理实际上就是人在其与土地共同体之间关系中对自身行动自由的一种限制。[1] 而具体的伦理行为标准就是他的著名论断："一件事如果有利于保持生命共同体的完整、稳定和美丽就是对的，反之就是错的。"

动物权利论对利奥波德的批评就是针对上述的土地伦理原则，只要不破坏生态系统的稳定，或者为了保持生态系统的稳定，杀死动物就是合理的，这其中既包括食用动物也包括开展狩猎活动等。但是根据动物权利论的观点，既然"生命主体"都具有道德权利，值得以尊重其固有价值的方式对待，如果可以杀死动物，那么为什么不干脆杀死一部分人呢？雷根毫不留情地声称利奥波德的理论是一种"环境法西斯主义"，正如个体主义理论家所言，我们赋予自然以道德地位并不能真正地解决问题，可当这种整体利益与个体利益发生冲突时，该怎样抉择？按照利奥波德的理论，那一定是为了整体的利益可以牺牲个体利益，这是否真的具有正当性是有疑问的，更别提土地伦理的基本原则本身还有一个前置性问题没有解决，即利奥波德的结论（价值判断）是如何从某种生态学事实（客观事实）中推导出来的呢，这明显是一个"是"与"应当"鸿沟，而利奥波德似乎不假思索地就把二

---

〔1〕 滕海键："利奥波德的土地伦理观及其生态环境学意义"，载《地理与地理信息科学》2006 年第 2 期。

者联系到了一起。多恩·玛丽塔（Don Marietta）也认为，“伦理整体论有不同的含义。如利奥波德‘整体性和稳定性’的论述可以是指正确与否惟一的根本在于生物群落的利益，它也可以是指最重要的在于群落的利益，或者也可简单地指正确与错误的判据之一是群落利益的善。”[1] 可利奥波德的结论是非此即彼的，如果所谓的“整体性和稳定性”就是说生物群落的利益是决定正确与否的唯一因素，那这很难避免个体主义的攻击，因为这忽略了涉及道德的诸多相关因素的考虑。乔恩·摩林（Jon Moline）转而将利奥波德的理论解释为一种“间接的整体主义”，即把“整体性和稳定性”看作是“人类品格规范性的东西：我们的态度、意向、‘思考和理想期望的方式’。它建议我们应当成为什么样类型的人，建议一种人的品性，而不是我们应当有什么具体的行为”[2]。这也就是说，土地伦理并非一种具体的行为规则，这大大削弱了土地伦理的实践意义。

（二）克利考特的土地伦理

另一位坚持整体主义的理论家克利考特（J. B. Callicott）进一步完善了土地伦理。克利考特认为，首先，土地伦理是以生态学和进化论为基础的伦理学。一方面，克利考特承认道德实践与道德意识之间存在着差距，但是，事实说明道德意识还是明显比过去扩张得更为迅速；另一方面，理性在西

〔1〕［美］戴斯·贾丁斯：《环境伦理学——环境哲学导论》，林官明、杨爱民译，北京大学出版社 2002 年版，第 221 页。

〔2〕［美］戴斯·贾丁斯：《环境伦理学——环境哲学导论》，林官明、杨爱民译，北京大学出版社 2002 年版，第 222 页。

方哲学思想中占有极为重要的地位，因为理性人类才具有道德，而理性的成熟与发展则不断地阐述着关于正义的理念，这也证明了利奥波德所说的“伦理进程”，即道德的发展与道德史的进程，是真实的。[1] 从人类历史发展进程来看，人类道德共同体确实是一个不断扩张的过程，例如，在荷马时期，奴隶就不被认为是道德共同体中的一员，在罗马法上，奴隶也不被认为是“人”。随着时代的进步，在理念上，所有的人都应当被纳入到道德共同体之中来。而近现代以来的各种社会运动，如公民权利运动、动物解放运动、动物权利运动等等，既是历史的进步，同时又是道德的进步，二者是相辅相成浑然一体的。克利考特认为，在利奥波德看来，这一进程实际上也是一种生态进化的过程，这个过程同样可以阐述道德的变化和发展方向。

其次，土地伦理奠基于生态学、进化论以及哥白尼天文学，三者互为支持。其中，生态学是进化论的延伸，且以哥白尼天文学为背景。进化论提供了伦理学与社会组织及其发展之间的概念联系，在人与非人类自然（nonhuman nature）之间建立了历时联系（a diachronic link）。生态学理论则提供了人与非人自然之间社会一体性（social integration）的意义。这样一来，人与非人世界就是一个紧密联系既有合作又有竞争的动态的生态系统。那么，对达尔文进化论的正确解释就是每个人都应当将其社会本能和同情推及共同体中的所有成

---

〔1〕 张冬烁、谢亚兰：“克利考特伦理整体主义理论研究”，载《世界哲学》2008 年第 4 期。

员，不管这些成员与我们的外在有怎样的差异。[1]

克里考特的论证主要体现为两条二阶原则（Two Second - order Principles）中。二阶原则强调的是义务的优先性，从而在具体情境下多重道德义务发生冲突矛盾时告诉我们应当优先考虑选择哪条义务。第一条二阶原则（SOP - 1）强调我们对人类所负有的义务，要求行为者优先考虑更值得尊敬、更亲密的共同体成员的利益。第二条二阶原则（SOP - 2）要求行为者优先考虑处于争论中的较强利益，而整体主义的环境利益具有优先性。当这两条原则发生冲突时，克里考特认为，当个体义务与整体义务发生矛盾时，第二条二阶原则整体主义的义务具有优先性。

克利考特把利奥波德的理论置于休谟、亚当·斯密（Adam Smith）和达尔文的伦理理论中，他认为土地伦理同样是一种以道德情感为核心的理论。既然由己推人、同情他人是人类最基本的情感，因而同情就是我们最基本的情操之一。进化论注意到哺乳动物中存在着普遍的同情与关爱之情。利奥波德不过是在此基础之上，将传统伦理中的共同体扩张至动植物、土壤和水体等。只要我们具有生态学的知识，那么扩展对“家庭”、“群落”这样的词汇就会有新的理解，既然扩张后的伦理包括了许多非人存在物，它们是我们的“家庭成员”，那么我们把同情心施予它们就再正常不过了。承认整体利益的重要性并不等于否认部分或者个体的利益，但是整体利益毕竟不是个体利益的简单加总，只有整体的善（ho-

---

〔1〕 卢风：《人、环境与自然——环境哲学导论》，广东人民出版社 2011 年版，第 179 页。

listic good）才是“至善”。

在如何对待动物的问题上，流行的说法是动物解放论、动物权利论与土地伦理同属典型的非人类中心主义，然而，克利考特认为这是一种误解。在他看来，动物解放论和动物权利论与人类中心主义和非人类中心主义不是两个对立的两级，而是相互对应的呈三角形的关系。辛格和雷根的理论核心并不在于以生态学为基础挑战人类中心主义的观点，而是企图遵循现代性的思路，把人道或权利扩张至动物身上，二者都认为当代道德的关键就在于争取自由和解放，正如人类历史上奴隶、黑人、妇女、土著人民争取自由与解放一样，平等是道德扩张的目的。可是克利考特认为这是十分荒唐的认识，完全违背了生态学规律。假设家禽和牲畜如果得到“解放”或“权利”，那就意味着人类不可以再杀死它们，而是转而为其提供食物和栖息之所，因为这些动物已经不能适应纯粹的自然环境，而这些动物自由自在地生活和自由繁殖需要人类提供大量的粮食，这会侵占原本属于野生动物的生存资源，进一步造成生态破坏。土地伦理坚持整体主义立场，但并不否认整体之部分具有自己的价值，但当各个部分之间产生冲突，应当以整体的共同体的善作为解决不同诉求矛盾的标准，而这主要是要以生态系统的稳定为准。于是，我们可以看到，动物解放论要求关爱动物，平等对待动物的苦乐，但是动物的感受能力有强有弱，其中，哺乳动物显然具有最强的感受能力，因此相对其他动物应当得到道德上的更重的考虑。动物权利论则以“生命主体”为标准，同样认为哺乳动物相对其他动物应当得到道德上的更重的考虑。所以，动物解放论在谈及野生动物保护时都很自然地要求政策和法律优先保护那些濒危的哺乳动物，而政策和法律也确实是这么做，社会公众对于野生动物保护的印象也是如此。动物权利论则论证，哺乳动物拥有权利，但是数量的稀少或处于濒危的生存状态却不是我们选择保护某种特定哺乳动物的理由，相反地，正因为“物种”不是具有感受能力的个体，因而不具有任何道德权利，因此以生存受到严重威胁的某种动物是濒危“物种”不具有说服力，即使野生动物的个体是某个物种仅存的最后一个个体，也不意味着就理所应当的应当得到保护。雷根举例，假如我们必须在拯救某物种仅剩的两个动物个体与属于另一数量庞大的物种中的动物个体之间作出选择，权利的观点会要求评价死亡究竟给哪个动物个体造成的伤害更大，如果给后者造成的伤害大于带给前者的伤害，那么我们应当拯救后者而不是人们通常所认为应当无条件救助的那个濒危物种中的成员。雷根相信，仅仅因为处于濒危状态，救助某个动物物种才具有道德重要性反而会助长人们的错误观点：数量对我们行为的道德性起作用，而这恰恰是权利的观点所反对的。[1]

可是按照整体主义的立场，我们关心的不是某个具体的、个体的野生动物的苦乐，而是以生态系统的稳定为标准，分析哪些物种对保持稳定最为重要。这时，我们就不一定总是要重点保护那些哺乳动物，如果某些昆虫在生态系统中扮演了至关重要的角色，那我们就应当将其列为优先保护对象，尽管昆虫显然没有哺乳动物那样的感受能力，也难以唤起我

---

〔1〕［美］汤姆·雷根：《动物权利研究》，李曦译，北京大学出版社2010年版，第301~302页。

们心中强烈的情感。土地伦理并不认为有必要赋予非人类存在物以道德身份，但是克利考特也认为承认整体主义的伦理不代表要从此取消人类社会既有的道德伦理。虽然我们应当将人类社会历史形成的道德伦理向外扩张，把非人类存在物包括进来，但这不意味着取消了我们对自己的家庭成员的特殊情感以及由此产生的特殊义务。事实上，我们对于我们的家庭成员所持有的那种亲密感情是理所当然的，“爱”不是无情的伦理原则可以解释的，如果我们想要更多地去帮助和爱护他们那一点也不为过，但这不能免除我们在一个扩张后的共同体内承担相应的道德责任。整体主义的共同体像是一个由“我”向外扩展出去的同心圆，在离“我”最近的地方，我有责任照顾好我的家庭成员和其他有特殊关系的成员，接下来，这个同心圆继续扩展，我依次要对陌生人、国家、国际机构、外国直至非人类世界承担相应的义务，不管同心圆怎么扩展，“我”对自己同类负有的道德义务总是大于对非人类世界所有的道德责任。[1] 据此，对整体主义是“环境法西斯主义”的指责是不能成立的。

（三）布赖恩·巴克斯特的道德权衡

巴克斯特（Brian Baxter）提醒我们注意这样一个事实，每一种生物“都是以自己的方式而存在的某种神奇性（something wonderfulness）”，人们赞叹这种神奇性却经常忽略它的具体表现形式。每一种生物都以其独有的方式显示了生命神奇的片段，这种神奇的品质应当赋予生物本身而不是一

---

〔1〕［美］彼得·S. 温茨：《现代环境伦理》，宋玉波、朱丹琼译，上海人民出版社2007年版，第245页。

种纯粹的主观反应。“一旦我们意识到个体生物都只是神奇的昙花一现——因为所有的个体都会死亡——而那些个体之所以能以种种形式存在，是因为它们是自己所属物种的一分子，我们就能为保护物种做出直接的论证，保护物种得以生存和繁衍的栖息地，保护它们应该归属于的具体生命形式。也就是说，我们有理由去保护在栖息地的物种而不是单纯地保护可能构成该物种的基因基质。”[1]

既然每一种生物应对环境变迁的能力都不同，巴克斯特假设那些生存能力更强的生物拥有的“自我”就越多，相应地其拥有的内在价值程度就越高。人类的道德关怀随着生命形式的复杂程度而增加。但真正的问题在于，任何一种生命形式在与作为道德主体的人类的利益发生冲突时，具有最为复杂性的生命形式的人类似乎毫无疑义地要压倒对其他生命形式的考虑，这又与人类中心主义有何区别呢？

巴克斯特认为初步的解决方法在于分辨个体生命形式的程度，当生命形式是低程度的个体时，个体样本在行为方式的特征方面是可交替变化时，我们应当主要关怀物种；而生命形式的个体显示出较高程度时，我们在继续关心物种的同时应当出于生命个体显示出的那种“神奇性”而将关怀主要施予个体样本。于是，“个体性较低的物种其内在价值的程度要高于它的任何个体样本的内在价值程度。因此，当拥有较高的内在价值的实体之间发生利益冲突时，后者的内在价值常常轻易地被践踏。在这种情况下，很有可能，个体样本

---

〔1〕［英］布赖恩·巴克斯特：《生态主义导论》，曾建平译，重庆出版社2007年版，第67~68页。

的内在价值是如此的低（即使不会低到零），以至于它对那些具有更多内在价值的生物所具有的工具价值可以轻易地压倒它自己的内在价值。”如果当一个物种开始衰落，样本就会增加其内在价值的程度，直到它们的内在价值与物种本身的内在价值相匹敌，这也意味着，当某物种内在价值的存在受到威胁，道德主体就有义务保护它。

第三节　初步的结论

如果人类依然坚持人类中心主义的思维，野生动物保护的目的就不可能真正实现，因此，人类应当采取非人类中心主义的伦理观念。

在非人类中心主义内部，辛格和雷根的论证里只存在个体的动物，确实如克利考特所言，无视生态学规律的启示，在涉及野生动物保护的问题上难免偏颇，他们的论证主要集中在非野生动物上面，得出结论后几乎是不假思索地就直接适用在野生动物保护上面。事实上，尽管非野生动物和野生动物之间的区别是相对而言的，二者在某些情况下会存在交叉。但就思考问题的基本态度而言，二者适用不同的保护方式仍然具有重要意义。在现代社会里，非野生动物几乎已经不是自然选择的结果，而是人类改造自然的结果。我们可以试想，自然选择怎么可能制造出那些温顺的离开人类关照就无法存活的宠物？非野生动物的存在是人类自身力量的一种“延伸”，考虑到这些动物，尤其是哺乳动物确实是具有感受能力甚至有自我意识的存在物，它们是人类社会的客观的构成部分，考虑将道德扩张至它们绝对不是没有合理依据的，尽管是仅仅减少它们的痛苦还是认可它们的道德权利仍有争议，但是这与野生动物保护基本无关，因为野生动物不是人类干预自然进程的产物，它们大多在人类存在于地球之前就已经存在了，它们不是人类力量的“延伸”，对于它们的生死最好交由大自然来决定，它们具有不同的道德地位。对于野生动物的保护实际上是对物种的保护，对非野生动物的保护实际上是对个体的保护，二者是两个不同的问题，也就是说，对于前者应适用整体主义，而后者则适用个体主义。

在对待野生动物的态度上，整体主义要求我们与非人类存在物都是一个地球生态共同体中的成员，生态规律对于人类和非人类存在物而言都是平等的，我们无权去破坏大自然的进化进程。但是，人类又是具有社会性的动物，能够认识生态规律，人类的生活已经严重违背了生态规律，造成了严重的生态危机，现实要求我们必须采取整体主义的思维，以生态学知识为基础，重新定位人与自然的关系，尊重自然和非人类存在物的价值。

但对于野生动物保护，整体主义的原则也不可以僵化地理解，因为物种进化是不会停止的，如果某个物种注定无法在地球上存在，那我们保护野生动物有何意义？大自然永远在运动变化之中，生态系统的稳定真的可以通过人为的力量保持吗？我们永远不可能掌握大自然所有的奥秘，为了实现某种稳定状态而杀死野生动物真的可以实现既定目标吗？尤其是，问题不在于这么做是否可以带来某种好处，问题是这么做是否具有道德上的正当性。笔者认为，采纳整体主义绝不意味着那是唯一值得考虑的原则，我们仍然需要在坚持整体主义的前提下谨慎考虑其他各种道德原则。尽管罗尔斯本人并没有对野生动物的保护做具体论证，但是他提醒我们注意“反思的平衡”（reflective equilibrium），这意味着任何僵化的单一原则的应用都会带来灾难性的后果。

一般而言，整体主义只是我们对待自身与非人类存在物的初始立场，绝不意味着在对待野生动物的问题上完全摒弃既有的伦理原则。我们对于具有感受能力较强的野生动物应当更关心其个体的生存，对于缺乏感受能力或几乎不具备内在价值的野生动物则更关心物种的生存，当然，这不意味着我们可以任意去折磨这类野生动物的个体，因为伦理要求我们必须慎重对待任何一个非人类生命体，无论其内在价值高低如何。

第二章

野生动物的法律地位

万事万物都具有自己的“善”，而那些明显具有感受能力的动物对于人类而言也具有更为重要的道德意义，因此受到人类更多的关注并得到更有力的保护不足为怪。然而，对于动物在法律上的地位存在极大争议，现行的动物保护立法是建立在人类中心主义思想之上的产物。动物和其他个体一样，依然被当作财产和“物”来规定。法律采纳了功利主义思想，力求实现动物福利，而不是动物权利。可是，把具有感受能力的动物当作财产已经在伦理上受到了极大的质疑。对于动物只能在法律上成为客体而不能成为法律主体的传统认识，也已经在法学界引起了诸多批评。法律主体不等于现实生活中的生物人，从演变历史来看，法律主体是随着观念变迁由法律拟制而成的，并非一成不变。具体而言，野生动物可以被赋予一定的法律人格，成为法律主体，但出于整体主义的考虑，适宜将物种规定为法律主体。

第一节 作为“物”的动物

一、动物保护法的实质

一种流行的说法是，动物保护是为了生态平衡或者保护环境，这本身就意味着人们意识到生态系统的重要性，或者意识到动物具有内在价值。果真如此吗？我们可以轻易地发现，无论在国内法还是国际法上，受到保护并得到社会关注的动物大多数都是具有感受能力的动物，其中很大一部分是哺乳动物和脊椎动物。即使是热衷动物保护的人也很少去注意那些“小”的、“微不足道”的生物种群，例如昆虫和微生物。恰恰是数不尽的绿色植物、微生物和各种微小的无脊椎动物支撑着整个世界，维系着人类社会存在和发展的物质基础，而它们却并不需要人类也能得以生存。[1] 既然我们用于保护的投入总是有限的，为何却很少去保护那些微不足道的动物，如果它们才是生态系统运行的基础的话。如果熊猫和东北虎彻底消失，我们也很难断言人类社会就会因此遭受致命的伤害，在人类有记载的历史中，已经有很多有感受能力的高等动物灭绝了，有的物种灭绝就是人类自己造成的，而且这一历史不仅仅发生在近现代工业社会中，在人类进化进程的初期就已经开始，只不过在近现代灭绝的强度前所未

〔1〕［美］爱德华·O. 威尔逊：《造物——拯救地球生灵的呼吁》，马涛、沈炎、李博译，上海人民出版社2009年版，第28～31页。

有。但即使如此，我们的生活似乎也很难说受到了什么糟糕的有决定性的影响。另一个疑问是，动物的数量多寡对我们的保护决策有什么影响。影响当然是有的，我们不能接受因为自己的原因致使某些物种灭绝，但因为人类因素导致数量锐减濒临灭绝的物种并没有都进入法律的视野，甚至也没有进入社会公众关注的视野。

当代的动物保护立法实际上是一种基于人类道德哲学和政治哲学的产物，而与通常所谓的环境保护并没有想象中的那种紧密的关系。人类倾向于认为具有感受能力的动物具有更大的利益，也具有更高的内在价值，它们的苦乐是我们道德考虑的一部分。这种对于道德的理解在我们的基因中已经编码，是我们直觉的反应。也仅仅出于这一点，我们作为道德主体就有义务首先关注这一类动物，它们在同心圆中相对别的动物距离我们更近，哪怕它们对于生态系统的维持和运行并没有起到别的动物所起到的那种重要作用也是如此。在这里，正当优先于善。另一方面，只有那些事关人类社会经济和文化效用的动物才可能进入保护名单之中，某些动物物种的灭绝会明显地、迅速地影响人类社会的利益，尤其是经济体系的运转，因此它们得到法律的格外关注并不奇怪。还有一些动物，不一定具有立竿见影的经济价值，但却具有对于人类社会而言很重要的文化和审美价值，所以也得到了法律的保护，例如熊猫这样的“魅力动物”。只有为人类可利用并满足各种需要的动物才能得到法律的保护，而保护的目的是为了实现可持续的利用。当然，自然科学家的意见也会起作用，但道德哲学和政治哲学的考虑并不总是与他们的意见相一致。

二、动物作为“物”的法律本质

在大陆法系，动物在私法上一直被当作“物”，而英美法系则以财产的概念涵盖动物。洛克的自然法理论对西方法律制度影响极大，他认为财产权是一种自然权利，人依据理性的自然法有了自我保存的需要，因此获得了自我保存的自然权利，而要自我保存就必须拥有维系生存的财产权利。但人们权利的行使总是会有冲突，洛克提出的劳动财产权理论解决了这一矛盾，即“通过劳动将共有之物的一部分脱离其自然所处的状态是财产权确立的一般方式”[1]。“一般意义上的财产权与对动物的财产权密切相关……洛克的观念——财产权使得所有权人可独占、独享一物这一近代私有财产理论的基石，根源于对设想中神给予人的对的独占与独享。”[2]财产权是神圣不可侵犯的自然权利，而动物的存在是上帝为了人类的利用才创造的。一旦法律确立了动物是财产的观念，通过狩猎或饲养方式得到的动物不但是法律上的财产，而且法律还为所有权人对其所有的动物行使各种权能提供一切保护，以防止来自他人的侵犯。在这种理论框架下，法律对动物的理解都是基于一种“先验”的观念：动物是私法上的物，是财产。这一理念反映在现代民事法律中就是动物被规定为“物”，处于野生状态中的动物是无主物，如果捕获后重新回到自然界也是无主物，对此《德国民法典》和《瑞士

---

〔1〕 霍伟岸：《洛克权利理论研究》，法律出版社2011年版，第197页。

〔2〕［美］G. L. 弗兰西恩：《动物权利导论——孩子与狗之间》，张守东、刘耳译，中国政法大学出版社2005年版，第123页。

民法典》都作了相同的规定。美国普通法长期以来以“捕获规则”来解释动物的所有权，根据该规则，动物的所有权被第一个捕获或杀死它的人取得，[1] 其法律后果与大陆民法的规定基本相同。

民法上的物是指存在于人体之外，占有一定空间，能够为人力所支配并且能满足人类某种需要，具有稀缺性的物质对象。[2] 在这个定义中，人与物之间是一种支配关系，所有权是一种典型的人对物进行支配的权利。在法学上所有权的本质属性有两个，一是自由支配性，二是归属性。[3] 前者意味着权利主体对于物的支配不以他人的意思为基础，得以按照自己的意志予以支配；后者则意味着权利主体有权排除他人的不法干涉。这种支配是权利主体自由意志的体现。那么，如何理解自由意志呢？自由在黑格尔（Friedrich Hegel）那里是理性支配下的有意志的行为，而不是随意性的冲动，“黑格尔说：‘这里有一点搞明白了：意志只有作为能思维的理智才是真实的、自由的意志。’意志通过思维达到了理性，就是自由意志。自由意志构成法律本质来把握，从而使自己摆脱偶然而不真的东西即自我意识，也就是‘通过思维把自己作为构成法律、道德和一切伦理的原则’，意志通过思维从理念上把握了自己，这种理性的意志就是法律。因为自在自为的自由意志‘就是真理本身’。‘自由意志本身就是在自

---

〔1〕［美］约翰·G. 斯普兰克林：《美国财产法精解》，钟书峰译，北京大学出版社 2009 年版，第 23 ~ 28 页。

〔2〕王利明：《民法》，中国人民大学出版 2007 年版，第 113 页。

〔3〕龙翼飞、杨建文：“论所有权的概念”，载《法学杂志》2008 年第 2 期。

身中现存着的理念。'"[1] "人把他的意志体现在物内，这就是所有权的概念"。[2] 在黑格尔那里，人的本质就是人格，人格就是自由意志，所有权乃是人格的定在。对黑格尔来说，人作为自由意志在占有中成为他自己的对象，通过这种占有反过来保障权利主体的人格，"我拥有属于我的东西，表明我的自我得到了实现，我是我所是，即我的所是、定在与我本身——我的意志、人格是同一的。……可见所有权概念的哲学底蕴是主客同一和自我实现"[3]。所以，权利主体对物的支配是权利主体人格的保障，动物作为物表明动物是权利主体的支配对象。问题在于，对动物的占有是一种事实还是一种权利？"事实形态的占有所具有的意志性、支配性与排他性，在摒弃一切制定法中权利影响的背景之下，表述的只能是一种状态，一种人为了生存而必须维持的基本条件。但是，这个没有任何权利色彩的对于物的占有，却成了所有权的起点。从'占有'到'所有'的发展中，前者所蕴含的以人的自由意志为核心的支配与排他的理念，构成了后者的基石。……其结果是物之支配的各个环节均被披上了权利的外衣，现实的各种关系被法律以各种权利之间的关系所代替。对于物的事实上的支配与对物的意志上的支配完全分离，而将'意志上的支配'完全托付给了权利观念。由此，从对于

---

〔1〕 孔庆明："黑格尔法哲学要义简析"，载《烟台大学学报（哲学社会科学版）》2001年第1期。

〔2〕［德］黑格尔：《法哲学原理》，范扬、张企泰译，商务印书馆1961年版，第59页。

〔3〕 萧诗美："黑格尔所有权理论的哲学诠释"，载《学术研究》2009年第7期。

物的意志形态的支配而转化的所有权概念，成为法律上的逻辑支点。从占有到所有，本质是从纯粹的物之事实利用形态向抽象的、以权利观念为核心的物之法律利用形态的演进过程。这一演进过程的全部秘密就在于将物作为人的手段在法律上予以承认和维持，从而将人的主体性价值建诸对物的控制之上。而物，则完全被法律认定为没有自身利益，是实体。"〔1〕

1990年修订后的《德国民法典》作出重大修订，其第二章由"物"改为"物，动物"，并在第90a条中明确规定："动物不是物。它们由特别法加以保护，除另有其他规定外，对动物准用有关物的规定。"〔2〕这个修订引起了法学界的争议。有学者从民法解释学的角度指出，该法典第一章规定"人"，显然是对法律主体的规定，如果动物不是物，那为何不在第一章中予以规定却在第二章中与物规定在一起呢？此外，该法典还使用了动物所有权人的概念，更加证明动物依然是物而不是人，因此动物只能是法律客体。〔3〕以杨立新教授为代表的一些民法学者也认为动物就是物，但与传统理论不同的是，他主张以法律物格理论对物进行类型化导出民法物格的概念，即民法的人有人格，"民法的物格，则是指物作为权利客体的资格、规格或者格式"〔4〕。民法应根据物格的不同对物作出不同层次的规定，由此民法物格被划分为伦

〔1〕高利红："动物作为物的法律本质"，载《郑州大学学报（哲学社会科学版）》2005年第1期。

〔2〕郑冲、贾红梅译：《德国民法典》，法律出版社2001年版，第17页。

〔3〕陈本寒、周平："动物法律地位之探讨——兼析我国民事立法对动物的应有定位"，载《中国法学》2002年第6期。

〔4〕杨立新：《民法物格制度研究》，法律出版社2008年版，第38页。

理物格、特殊物格、一般物格，其特点是:[1] 首先，民法物格规定的是权利客体的资格、规格而非权利主体的资格、规格。其次，民法物格是多层次的、非平等的资格，依据有无感受能力、与人类生活的关系紧密程度等，动物具有最高的物格，应被划归到伦理物格制度中以特别法保护。最后，根据物格不同采取不同程度和方法的法律保护。“民法对于物的规制，并不单单要确定物的属性，更重要的是确定物的地位、支配物的规则，以及对不同类型的物的不同保护立场。”[2] 蔡守秋教授对此持不同看法，他认为这个修订说明动物不但不是物，而且也不是特殊物，而是某种第三类存在物。条文中所说的“准用”意味着逻辑上要把动物与物区别开来，否则，说动物非物同时又说动物是特殊物，显然存在逻辑上的矛盾。[3] 值得注意的是，他同时指出，他“主张的是‘动物的权利’而不是‘动物的人权’，更不是主张法律将动物变为人或将动物规定为人。‘动物的法律权利’与‘动物的人权’是两个不同的概念”[4]。笔者认为，所谓的“第三类存在物”并没有实质意义。蔡守秋教授虽不赞同动物是物，但对于动物这种人与物之外的“第三类存在物”享有的权利究竟是什么性质却没有说明，这种权利肯定不是

---

〔1〕 杨立新:《民法物格制度研究》，法律出版社 2008 年版，第 39 ~ 41 页。

〔2〕 杨立新:《民法物格制度研究》，法律出版社 2008 年版，第 36 页。

〔3〕 蔡守秋:“从对《德国民法典》第 90a 条的理解展开环境资源法学与民法学的对话”，载《南阳师范学院学报（社会科学版）》2006 年第 4 期。

〔4〕 蔡守秋:“从对《德国民法典》第 90a 条的理解展开环境资源法学与民法学的对话”，载《南阳师范学院学报（社会科学版）》2006 年第 4 期。

“动物的人权”，从全文看，他似乎认为动物福利就是动物的权利。事实也确实如此，他明确支持对动物的利用，只不过他认为要保护这种“权利”非法律承认动物的法律地位不可，而民法学者认为物格理论完全可以解决这一问题，不必也不能通过赋予动物法律主体资格的办法保证动物福利。然而，物格理论本身就存在缺陷，李锡鹤教授认为：“客体是主体的支配对象，即主体实现自己意志的对象，法理上不存在地位的高低之分。法律可规定对不同客体的不同支配方式，但不是为了客体，而是为了主体。”[1]

第二节 法律主体资格方法论对动物法律地位的影响

一、法学方法论的演进

动物在法律上仅仅被当作“物”并不是偶然的，而是传统法学方法论影响下的必然结果。在传统法学方法论的视角下，只有人才能成为法律主体，非人类存在物因为缺乏意识和所谓的“理性”因而仅仅具有工具价值，只能被当作“物”，也就是法律上的客体。尽管法学方法论几经变迁，内部纷争不断，可是在对待非人类存在物，尤其是像动物这样的生命体的态度上，却保持了惊人的一致。

---

〔1〕 李锡鹤：“民法‘物格’说引起的思考”，载《法学》2010 年第 8 期。

二、主流法学方法论的不足

主流法学流派可以大致划分为自然法学、实证分析法学和社会法学三大主流法学学说。这些流派的共同点在于坚持主客体二分法。这一思想渊源在中世纪经院哲学家那里开始，在笛卡尔和牛顿的自然科学理论的推波助澜之下得到强化。这也是人的地位逐渐被法无限拔高的过程，康德尤其强调理性的作用，而社会法学虽然采取了社会学、经济学等其他学科的分析方法，但其局限于人类社会内部，注重调解人与人之间的利益关系，丝毫也不质疑人的主体地位。总之，传统法学的方法论认为，“有意识的人作为认识与行动的主体，其行为所及的物作为客体，这是主体与客体二元对立思维方式的基本结论；人不是物，物是权利客体，人不能成为权利客体，这是传统民法的基本出发点；人的身体不是物，不得为权利客体，这是传统民法一个坚定不移的信念。目前较为流行的主体论（或人论）和客体论（或物论），其法学研究范式就是‘主客二分法’、‘人物二分法’，即‘主体与客体绝对化’、‘人与物（或人与自然）绝对化’的研究范式。绝对化意指将两者截然分割开来、对立起来，并且一经固定则永久不变。这种研究范式的出发点是：主体永远是主体，客体永远是客体；人永远是人，物（自然）永远是物（自然）；人永远是主体，物（自然）永远是客体；主体只能是人，客体不能是人；法律关系是主体之间的关系甚至是主体之间的权利义务关系，不能是人与自然的关系。”[1] 在这种二分法的思维模式之下，非人类存在物全是客体，只有被人利用的工具价值。二分法观念构造下的法律制度，无论被哪个传统法学流派所阐释，都只是为作为主体的人更好地控制客体而服务的，可以说，在传统法学的方法论中绝无可能考虑非人类存在物可能具有的内在价值。这种割裂人与非人世界的思维推动传统法学的发展，而传统法学的发展又反过来进一步固化二分法思维。的确，传统法学研究的发展促使人类社会经济不断发展，但是，这种思维也使得人类目空一切，盲目信奉理性的创造，将法律完全解释为理性的创造物，甚至将法律看作是人可以无所不能、为所欲为统治自然界的工具。可以说，传统法学的方法论体现的是一种人类对于自然界的统治权力关系，人是非人世界的主宰，可以毫无顾忌地发号施令，并通过法律固化这种权力统治关系来满足人类的需要，这种由法律构建并保护的权力关系与现代资本主义生产关系相吻合，二者相辅相成，一步步将人类逼向越来越严重的生态危机之中。这种法律思维完全忽视甚至根本上违背了生态规律，拒绝承认人是自然界的一部分，在人与自然界的关系中，把复杂的生态规律粗暴地表征为单向度的权力统治关系，于是所有的法学思想都逃不开征服和控制自然界的窠臼。

三、后现代主义对主流法学方法论的批判

反思前述主流法学的方法论离不开对现代性的反思。通

---

[1] 蔡守秋:《调整论——对主流法理学的反思与补充》，高等教育出版社2003年版，第301页。

常所谓的“现代”乃是指自17世纪直至19世纪末的一种思想系统，其以客观主义、基础主义和本质主义为典型特征，当然，还有笃信二元论、机械主义、父权制等其他特征。而后现代主义恰恰相反，认为我们不可能对世界有一个统一的认识，也不存在什么理性或非理性的主体，因此，我们的世界观应当是多元的。较之现代性，后现代主义反对用某个理论去解释世界，因而“明显表现出反本质、反规律、反普遍化、反总体化、反同一性、反确定性、反一切概念，肯定多元性、多样性、不确定性、差异性、非中心等特点”[1]。

对于后现代主义的“后”，一般有两种理解，一种理解是彻底的否定态度，也就是说现代性是造成当今环境危机乃至世界动荡不安的根源，必须予以猛烈地批判。这种态度当然是异常激进的。福柯（Michel Foucault）、德里达（Jacques Derrida）、费耶阿本德（Paul Feyerabend）是这种理解的代表人物。“它反对任何假定的‘前提’、‘基础’、‘中心’等，具体表现在对‘唯一中心’、‘绝对基础’、‘纯粹理性’、‘单一视角’、‘一元方法论’及‘连续性历史’的彻底否定。志在向人类所认为究竟至极的东西进行挑战，志在摧毁传统封闭、简单、僵化的思维方式。侧重于对旧事物的摧毁，对现代工业文明的批判，因而也带有否定主义、相对主义、怀疑主义和悲观主义的色彩。”[2] 另一种理解是从“反思”

---

〔1〕 张广利：“后现代主义与社会学研究方法”，载《社会科学研究》2001年第4期。

〔2〕 张广利：“后现代主义与社会学研究方法”，载《社会科学研究》2001年第4期。

的意义上看待现代性。这种思路并不彻底否定现代性，而是对其的一种继承和发展，采取这种思路的学者既不否认现代性有积极的一面，也不否认现代性造成的负面影响，但是他们并不认为这是现代性自身的问题，恰恰相反，这说明我们应当不断努力地继续完善现代性，也就是说，我们要通过反思实践的不足来实现真正的现代性。这一思路以小约翰·柯布（John B. Cobb，Jr.）、大卫·格里芬（D. R. Griffin）为典型代表。综上，两种对于“后”的理解其实是两种差异极大的道路，前者选择解构现代性，而后者选择建构现代性。后现代主义并非一个独立的时代，因而不存在与之对立的“前时代”，其产生于二战后西方世界出现的普遍的社会危机中，批评的也是这个时期及其矛盾产生的根源，因而后现代不是一个阶段性的概念。我们今日所生活的时代是一个发端于启蒙运动、工业化和自由市场的现代性的世界，“后现代主义恰似一扇窗口，透过这扇窗口，我们可以看到一个问题丛生的世界，也可以看到人类挣脱生存枷锁的努力及其困境，后现代主义思潮扫荡世界之后，外在的使人异化的物质力量并没有丝毫减弱，理性、科学、秩序等等编织的‘权力之网’仍然是个体生存的依托，现代社会的麻木、无聊、苦闷、纵欲等价值匮乏症有增无减”〔1〕。

后现代主义对现代性的批判的一个重点是现代性的科学技术观念。现代性的形而上学的本质“把自身建立在人的‘求知本性’的基础之上，决定着西方文化的发展逻辑和历

〔1〕 陈慧平：“对后现代主义的深层解读”，载《首都师范大学学报（社会科学版）》2001年第1期。

史传统。它从二元论的立场出发，以寻求绝对真理为基本追求，表现为对知识基础不竭的欲求，它假想只要有了可靠的知识基础，人类就可以源源不断地增长自己的知识，并且它相信一定有这样一个终极的基础存在，也认为人类的思维能力一定能够达到这个存在。因此，哲学的根本任务就是要为人类的一切知识寻找一个可靠的阿基米德点，超越历史、经验和差异，寻找具有统一性、普遍性、必然性、永恒性、绝对性、确定性和权威性等特征的知识。后现代主义对这种形而上学的合理性表示怀疑，如维特根斯坦（Wittgenstein）把世界划分为'可说的东西'和'不可说的东西'，认为以往哲学家的错误就在于总是企图谈论不可说的东西，而以往所有哲学的问题本质上都不过是语言的混淆和误用"。〔1〕"虽然现代技术产生于几个世纪以前，但是现代技术的本质却是随着形而上学的出现而早已隐蔽在形而上学的本质中，并且是随着柏拉图的哲学作为西方形而上学的开端而来的。存在在柏拉图那里被理念所代替，变成永恒的、不变的、至高无上的存在者。……人们通过对理念的事物的认识，进而去掌握和控制这一理念。随着柏拉图这种控制精神的发展，人不从事物的本来状态展示事物，而是逼迫事物进入非自然的状态，也正是从这里现代技术开始了自己的萌芽。柏拉图哲学所迸发出来的控制倾向于是就成为现代技术的最初根源，从

---

〔1〕胡长栓："表达生存焦虑的怀疑论——反思现代性科学中的后现代主义"，载《自然辩证法研究》2007年第3期。

而人的主体性的地位也开始了自己的征途。"[1] 现代科技的那种被海德格尔（Martin Heidegger）称作"座架"的本质"不仅使自然万物，也包括人都在这一摆置的过程中作为受促逼的对象被摆置，被订造，从而使自己处在这一危险的命运中"，"座架作为控制着人的一种力量促逼着人以订造的方式去解蔽，首要的是针对作为能量主要贮备的'自然'。技术时代人类在座架的控制下不停地寻找和开发能源，并把它作为持存物保存下来以满足自己的需要，这是技术时代的最夺目的标志之一"。[2] 这样一来，人类在现代科技的帮助下开发利用自然资源时，"人在通过表象的方式摆置物时已经不再把物作为对象了，而是把它作为持存物。对象作为对象，它在对立的状态中还有某种程度的自身性、反抗性、自己的特性，而持存物则表示一切事物都在被限定的基础上展现，只是作为'要立刻到位'的东西为人类服务，人的任务就是去利用和开发这种有用的物。"[3] "人处在各种各样的可能性中，他无论选择哪种可能性，都处在对另一种可能性的舍弃中，正是在这种不停地选择和舍弃的过程中，人才成其为人。然而在现代技术座架的控制下，人被这一股力量安排着，只关注存在者，物和人都变成了对象和原料。但对存在的遗忘并不意味着存在没有了，而是说在人仅关心存在者时，存

---

〔1〕 吴书林："海德格尔论现代技术的'危险'与'拯救'"，载《浙江学刊》2007 年第 3 期。

〔2〕 吴书林："海德格尔论现代技术的'危险'与'拯救'"，载《浙江学刊》2007 年第 3 期。

〔3〕 吴书林："海德格尔论现代技术的'危险'与'拯救'"，载《浙江学刊》2007 年第 3 期。

在之为存在已经抽身隐退了。由于人醉心于技术的威力，造成了人的无保护，这种无保护在现代就是人的无家可归。"〔1〕现代科技带来人性的异化，技术革命使得人"对现实之物的对象化涵盖着估计到某物、将某物列入人的观察范围、指望某物、期待某物等多重内容，而不只是对现实之物的数字处理"〔2〕。这种思维"使人只关心自然的效用，一切制造都被引入算计性思维之中了，人对自然一味算计和利用，人只从自身的尺度出发而随意破坏自然。同时，人也被设置于算计性技术本质之中，人被算计性的思维所左右而远离了深思熟虑的特性。事物和人的自身性遭到扭曲，人类持久的生存根基在动摇"〔3〕。

后现代主义对现代性的批判的另一个重点就是主体性问题。福柯继尼采（F. W. Nietzsche）宣称"上帝已死"之后进一步断言那个"作为知识的起源和基础的主体、自由的主体、语言和历史的主体"也死亡了，大卫·格里芬则认为现代性接受了机械主义的自然观，二元论宣扬灵魂与身体分离，是本质上的个人主义，主客体的分离导致自然成为人肆意掠夺的对象，由此，"个人主义在否认人与人之间存在内在联系的同时也破坏了人与自然世界之间的和谐秩序。"〔4〕"主

〔1〕吴书林："海德格尔论现代技术的'危险'与'拯救'"，载《浙江学刊》2007年第3期。

〔2〕宋文新："技术异化及思维方式变革——兼评海德格尔的技术拯救之道"，载《自然辩证法研究》2004年第7期。

〔3〕宋文新："技术异化及思维方式变革——兼评海德格尔的技术拯救之道"，载《自然辩证法研究》2004年第7期。

〔4〕詹艾斌："主体性：后现代语境中的批判与理论重建"，载《云南社会科学》2009年第6期。

体概念是现代主体性的依托，如果没有所谓‘主体’当然也就无所谓‘主体性’。……现代主义以主客二分的对象性思维模式把世界的存在物归为两类：思维的东西和具有广延的东西，进而把自我设定为主体，而把世界上一切具有广延的东西设定为自我的对象即客体。”〔1〕然而，这种主体性哲学却存在着以下几个缺陷：首先，认识范式上的“唯我论”困境。“主体性哲学的主体，是单一主体，它将主体局限在‘大写的自我’之中，如笛卡儿的‘我思’，费希特的‘绝对自我’，黑格尔明晰的‘自我意识’，等等，这种顽固的‘自我’情结排斥了社会主体之间差别的丰富性和多样性，把人的社会特质先验化和抽象化。如此一来，个体之间、共同体之间存在的差异对于‘自我’来说是不存在的，‘他人’成为一个不可逾越的障碍。”〔2〕其次，实践领域的“人类中心论”困境，其实质不过是“‘唯我论’的认识和价值评判原点从单数主体‘我’扩大到复数主体‘我们’而已。因此在社会实践意义上超越片面的‘人类中心论’和在理论上克服‘唯我论’是一致的。片面的‘人类中心论’和唯我论的实质就是否认‘我’或‘我们’之外的实体存在的价值和意义，一切存在都以自我的感觉为表象，以自我的欲念冲动为依据，一切认识和价值判断都是从‘自我’这个唯一的点出发。自我欲望的满足就是衡量一切行为的准则，推而广之则

〔1〕刘绍学：“‘破’与‘立’——后现代主义对‘主体性’的解构与重建”，载《上海大学学报（社会科学版）》2004年第6期。

〔2〕高鸿：“西方近代主体性哲学的形成、发展及其困境”，载《理论导刊》2007年第3期。

是人类的利益是唯一存在的利益，人类是宇宙中独有的价值"[1]。总之，单一主体的思想带来了诸多理论与实践上的矛盾，因此，才有了"从主体性到主体间性"的转变，由主客体对立向主客体相互依存的交互关系迈进，这样一来，人与认识对象，包括精神现象在内不仅是客体，同时也是主体性的存在了。阿尔都塞（Louis Althusser）也认为，应当纠正传统主体哲学的弊病，他通过揭示主体独立存在和主体运用理性建构同一性体系的幻觉来回到主体的真实处境——作为表象体'主体是被意识形态塑造的'，通过揭示主体独立存在和主体运用理性建构同一性体系的幻觉来回到主体的真实处境——作为表象体系而客观存在地意识形态。[2]"主体不再是世界的一个基点，而是在世界之中的存在。主体就是在世界之中，主体通过理论、语言、实践、意识形态等中介现实地存在。"[3]

四、后现代主义对法律主体资格的认识

（一）后现代主义对法学方法论的影响

传统法学建立在"主客观二分法"基础之上，以人为中心，这种架构的"思维方式采取非此即彼的方法，往往站在两个极端看问题，将主体与客体、主观与客观、我与物、心

[1] 高鸿："西方近代主体性哲学的形成、发展及其困境"，载《理论导刊》2007年第3期。

[2] 参见刘宇兰："主体性及其批判——兼论阿尔都塞哲学"，载《理论月刊》2012年第3期。

[3] 刘宇兰："主体性及其批判——兼论阿尔都塞哲学"，载《理论月刊》2012年第3期。

与物、人的行为与自然、自然与社会、人与人的关系及人与自然的关系分割开来"[1]。后现代主义法学对此提出了强烈批评，主要观点有：其一，理性的权利主体并不存在。构造法律的抽象理性实际并不存在，法律并非一个独立自主的实体。现代社会结构中的人并非"真正的人"，形式理性掏空了法律的道德内涵。其二，法不具有统一的本质和确定性。无论法的理念、原则还是程序、规范，都只是特定历史时代的一种认识论建构，都处在不断变化的过程中，并非什么本质不变的东西。[2] 正如周世中教授所言："后现代主义法学摆脱康德以主体为本的思考，不预先假设主体和客体的对立，不承认法律具有规定的含义和本质，强调法律是一个开放性结构的观点。"[3] 传统法学看重人的主体地位，而以福柯为代表的后现代主义学者则对人的主体性进行解构，"在以《规训与惩罚》为代表的'权力系谱学'中，他更分析与这些'人的科学'相辅相成的现代规训权力怎样驯服现代人的身体和塑造其灵魂。……人的主体性是虚幻的，是由话语、社会、文化和权力所决定的。"[4] 人的主体性被刻意夸大至本体论的高度，而这不过是一种虚拟的现实。过程哲学作为后现代哲学中的重要分支，对重新理解与建构法律主体提供了

---

〔1〕 蔡守秋：《调整论——对主流法理学的反思与补充》，高等教育出版社2003年版，第302页。

〔2〕 孙国华、冯玉军："后现代主义法学理论述评"，载《现代法学》2001年第2期。

〔3〕 周世中："现代性的精神维度与法的主体性——兼论后现代性视角下的法的主体性"，载《河北法学》2009年第8期。

〔4〕 陈弘毅："从福柯的《规训与惩罚》看后现代思潮"，载《环球法律评论》2001年第3期。

充分的理论依据，王新举教授认为其贡献在于：[1] 其一，法律主体不是脱离了其存在“场域”的某种永恒不变的状态，而是随着各种关系质料不断走向创新性、新颖性的过程，法律主体是拟制的产物，其范围也是不断变化的。因而必须打破“主客观二分法”的束缚，建构一种动态的法律主体观。其二，建立共生的法律主体观。过程哲学强调事物之间的关联，认为应在“多”中把握共生中的统一关系，注重法律主体同其他“实在”的关系，要打破现实中存在的各种不平等，使得弱势群体可以参与到法律“共生事件”中。其三，逐步接受和建构非人类的法律主体观。“机体”的概念与“过程”紧密相连，它突出事物的关联性，否定生命为人类独占的观念。人类只是诸多具备生命形式中的一种，不能脱离自然而存在，人类制定的法律应当与自然法则相适应。“建设性后现代明确把生态思想引入后现代主义中确立生态世界观，生态世界观有多种称谓，如有机世界观、整体论世界观等。生态世界观强调整体而非部分，在生态整体观的视域里，宇宙被视为‘完整的整体’而存在，整体包含着每一部分，而其他部分也以某种形式包含在整体之中，并以此摒弃了现代主义凸显个体的人本主体思想，强调重视人与自然的关系。而生态世界观正是人们希望凭借其以超越机械论世界观，弥补机械论世界观的不足，从而达到人与自然的和谐

[1] 王新举：“论后现代主义对法律主体的解构和建构——以过程哲学为视角”，载《求是学刊》2008年第5期。

与统一。"[1] 也就是说，后现代主义反对传统法学论的主客体二分法，要求转向主客体一体化。向主客体一体化转向则意味着在看待人与自然界的关系上应当坚持整体论的初始立场，这恰好与生态学原理相吻合，可以说，二者共同为法学方法论的整体观提供了形而上的坚实基础。

（二）法学方法论生态化对传统法学方法论的突破

流行的传统法学理论认为，法律调整的是人与人之间的社会关系，非人类存在物不能成为法律主体，只能成为法律客体。即使某个法律条文看起来好像对非人类存在物作了规定，那也是因为人与人之间关系的投射。可是，后现代主义启示我们必须改变偏执的态度，重新理解我们与非人类存在物之间的关系。

法学方法论生态化对传统法学方法论的第一个突破是认为，法律可以调整人与自然界的关系。在现代汉语中，关系主要有三个意思，一是指事物之间相互作用、相互影响的状态；二是指人和人或人和事物之间的联系；三是指对有关事物的影响或重要性。[2] 马克思主义哲学认为，关系是两个或两个以上事物、对象及其特性之间互相作用、互相影响、互相依赖、互相比较的一种形式。事物之间的关系，以及它们特性之间的关系，是由世界物质统一性所决定的。自然界和社会的一切规律都是一种关系，……有多种多样类型的关系：直接关系和间接关系、外在关系和内在关系、一般关系和本

---

〔1〕 陈泉生等：《科学发展观与法律发展：法学方法论的生态化》，法律出版社2008年版，第91页。

〔2〕 任超奇主编：《新华汉语词典》，崇文书局2006年版，第305页。

质关系等等。……马克思主义哲学认为，关系是客观存在的，它为事物所固有，存在于相应的事物之间。任何事物总是外在于其他事物的一定关系中，只有在同其他事物的关系中才能存在和发展，它的特性才能表现出来。事物的存在和事物的相互关系是统一的。事物的发展变化会导致该事物同其他事物原有关系的改变、消失和产生新的关系；而一事物和其他事物关系的变化也会引起该事物的相应变化。[1] 人类从自然中演化而来，并且在艰难的演化过程中创造了文化，人与自然和人与人之间的关系构成了人类历史的两大矛盾。在传统的科学研究中，人们把研究重点放在人与人之间的关系上。随着生态环境问题的日益严重，现在人与自然的关系开始进入研究者的视野中来，不但成为生态学、环境学等自然科学的重点研究对象，而且也对哲学、伦理学、经济学和法学等人文社会科学学科的研究产生了极大的冲击，许多学科的传统理论已经难以解释世界的变化而被不断的修正，尽管这一变化还存在许多争议，但可以肯定的是，人与自然关系的正确认识关系到如何回答人类未来向何处去的终极命题，而且，人与人之间的社会矛盾的解决往往牵涉到深层次的人与自然关系的问题。然而，这还没有解决一个重要问题，即社会关系究竟是指什么？所谓社会关系是指人们在共同的社会活动中形成的一切相互关系的综合。[2] 伦理学认为社会关系是指

---

〔1〕 金炳华主编:《马克思主义哲学大辞典》，上海辞书出版社 2003 年版，第 237 ~238 页。

〔2〕 廖盖隆、孙连成、陈有进等编:《马克思主义百科要览》（上卷），人民日报出版社 1993 年版，第 323 页。

人们在共同的实践活动中结成的相互关系的总称，社会关系分为物质关系和思想关系两大类。[1] 法学理论认为社会关系是指人们在共同的社会实践中而结成的相互关系的总称，基本分为物质关系和思想关系两类。[2] 从上述定义可以看出，研究者基本都认为社会关系均可以分为物质关系和思想关系两大类，其中，物质关系就是人与自然关系的一种表现。蔡守秋教授认为，人与自然的关系，是指人与自然的相互联系、影响和作用的状态；这里的状态包括动态（运动状态）和静态（相对静止状态）。因而人与自然的关系也指人与自然或“人与环境”这一综合体所呈现的各种状态。[3] 这里的人既可以指作为个体的人，也可以指作为集体的人和全体人类。自然是指天然的自然，也可以指人化的自然；既可以是单一的环境因素，也可以是多种环境因素的综合体。因此，蔡守秋教授总结，人与自然的关系包括人与环境的关系、人与自然资源的关系、人与不包括人在内的生态系统的关系、人类（社会）与环境（自然界）的关系等各种各样的关系，它和人与人的关系一样复杂多样。[4] 人与自然的关系有六种类型：一是时间关系。“人从其出生到死亡都与大自然保持着十分密切的时间联系，人与大自然的关系无时不在”。二是

---

〔1〕 徐少锦、温克勤主编：《伦理百科辞典》，中国广播电视出版社 1999 年版，第 614 页。

〔2〕 孙国华主编：《中华法学大辞典》（法理学卷），中国检察出版社 1997 年版，第 362 页。

〔3〕 蔡守秋：《人与自然关系中的伦理与法》（上卷），湖南大学出版社 2009 年版，第 2 ~ 3 页。

〔4〕 蔡守秋：《人与自然关系中的伦理与法》（上卷），湖南大学出版社 2009 年版，第 3 页。

空间（或地域、地理）关系。“人从其出生到死亡都与大自然保持着地域联系，都与一定的空间和地点产生联系，人与大自然的空间关系无处不有”。三是生态关系。“人从其出生到死亡都与大自然保持着生态联系，不但人体外部存在着一个生态系统（即人的外部自然环境是一个生态系统），人体内部也存在着一个生态系统（即人体内部是一个生态系统），而且人体内外共同形成一个生态系统，人本身就是地球生态圈（人类生态系统）中的一个组成部分，人只是人类生态系统或生物链中的一个环节”。四是物质交流关系和利用关系。人类与自然界处于不停顿的物质能量交换过程中。五是因果关系。“人从其出生到死亡都与大自然存在着因果关系，人作用于大自然的一切行为都会在大自然留下一定的结果（或痕迹），大自然对人的一切作用也会给人留下结果或痕迹”。六是带感情色彩的身份关系。人与自然之间形成了“包括尊敬、热爱、亲近、占有（所有关系）、统治（压迫关系）、征服（掠夺关系）、雇主（剥削关系）、子女、朋友等带有感情色彩、意识形态色彩的身份关系”。[1] “社会关系包括经过人化的、具有社会性的物质关系即人与自然的关系。所谓人化是指通过法律、政策、道德等方式将人的意志或阶级意志、国家意志体现在某种关系上面，包括法律化、道德化、政治化和意识化。即使如某些学者所宣称的，现实的人与自然的关系不属于社会关系，那么，经过人为转化的、法律认可或控制的人与自然的关系，即被法律确认的、被赋予人的意志

〔1〕 蔡守秋：《人与自然关系中的伦理与法》（上卷），湖南大学出版社2009年版，第4～11页。

或国家意志的人与自然的关系已经具有社会性，因而已经成为一种社会关系，则是毫无疑问的。……值得指出的是，通过道德规范、法律规范将人与自然的关系转化为道德关系或法律关系，只是使原有的关系附加了或增加了道德属性或法律属性即社会属性，并不是消灭了原有关系，所以经过人化、道德化和法律化的人与自然的关系是具有社会性的人与自然的关系，可以纳入社会关系的范畴。"〔1〕

法学方法论生态化对传统法学方法论的第二个突破是对法的“实然”和“应然”关系的重构。传统法学认为实然与应然之间存在不可逾越的鸿沟，因此在法学上，事实就是事实，从中我们不能推导出价值判断。而对于规范，只能作出真假与否的判断。按照柏拉图的观点，对于真假问题的回答形成了“知识”，而依赖于我们感性判断的价值判断如对错与否、正义与否等则形成了“意见”。“意见”不是我们对客观世界的真实的认识，而只是一些零碎的、不完整的认识片段。这意味着“知识”与“意见”是两个不同的概念。实证分析法学将二分法的观念扩展至极致，从而否定了自然法理论，并导致了“道德的归道德，法律的归法律”的局面。可是，我们真的可以抛开“法律应当是什么”只追问“法律实际是什么”吗？“在法伦理学看来，法与道德是人类从社会现象中抽象出来的两个概念，没有哪一个或哪一类特定的事件、制度或器物能够作为二者稳定且全面的表达，它们是人类在社会生活中逐渐形成的观念性存在，也许某些事件体现

〔1〕 蔡守秋:《人与自然关系中的伦理与法》(上卷)，湖南大学出版社2009年版，第4~11页。

了它们，也许某项制度或文本成了它们的载体，但人们无论如何也无法穷尽它们的表现形式。从概念的抽象层面而言，法与道德存在着许多差别，尽管人类已经花费了大量的精力用以将它们的区别标准化，但是这些差别远非理论描述的那般明确，在绝大多数情况下，二者之间存在着广泛的模糊地带。法伦理学所真正在意的，正是法与道德真实的共生状态，如果作为观察者的我们真正足够客观，真正不受所谓‘科学的’、‘中立的’、‘无意识形态’的形式主义观念的影响，那么，没有一种法的表现方式中缺失道德的成分。”[1]

那么实然是否包含着应然呢？阿奎那（Thomas Aquinas）认为，实然若与善是不可分地关联在一起，则实然就不仅仅是事实。这意味着我们不能把某个生物称之为“恶”的，因为其是存在的。“非存在（nichtsein）因此似乎能起作用。它起作用，使它不成为存在者（seiendem）。这种哲学意义上的存在者也不是指是或不是；相反，它指或多或少。实然是一个具有扩张能力的概念。它既有事实的部分，还包含价值的部分。善的实然意味着本质的实现（完善），恶的实然意指自身本质的缺失，或落后于其合本质的可能性。在这个形而上学的基础上，‘应然’可能被理解为本质与存在者间保留着的差异，但在此，本质未被存在者替代，而被认为是存在者的根据。”[2] 在黑格尔的思想中，所谓“现实”总是与

---

〔1〕 胡旭晟、宁洁：“困境及其超越：法伦理学基本问题再研究”，载《湘潭大学学报（哲学社会科学版）》2011 年第 3 期。

〔2〕 陈泉生等：《科学发展观与法律发展：法学方法论的生态化》，法律出版社 2008 年版，第 122～123 页。

“必然”联系在一起，现实是指现存的必然的事物。新康德主义的二元方法论的实然概念正好指事实，因此，排除了存在者与一个共同建构的本质的任何实际联系，与此相关，也排除了那些之于实然是内在的应然，它立足于存在者与本质间的可能的区别。毋宁说，实然被视为现实，在原则上，是指可以用经验方法来探讨的东西。这类研究的基础最终在复述（空间 - 时间的）观察的陈述中。一切理论需要对这个基础进行确证或验证。仅靠观察是不能达到的，还要求附加意义理解的文化世界，且仍将被移至时空事实中来，前者不属于现实（实然），而属于有效性（应然）范畴，在后者中，前面提到的方法之内容——臆想地或合乎实际地——被把握。只要这些行为是可观察的，并因此在可观察现实的含义上是现实的，它们才在实践秩序中是可划分的。文化的历史将这样被提到事实层面上，即时代的价值观的事实有效性（faktische geltung），将与绝对含义上的价值观的正确性（richtigkeit）区别开来。本身为观念形态的价值，不是处在事实层面上；相反，对价值思维的现实性、历史和社会条件的探求，在原则上没有办法去联系地看待有效性和应然之王国。综上可见，通过新康德主义哲学加工了的二元方法论，是在事实性（faktizität）的含义上理解实然的，相反，由托马斯·阿奎那和黑格尔代表的一元方法论，把实然理解为本质的实现化。由此，“实然”与“应然”的统一成为可能。[1]

---

〔1〕 陈泉生等:《科学发展观与法律发展：法学方法论的生态化》，法律出版社 2008 年版，第 123 ~ 124 页。

但是，“应然”的客观性究竟应当以什么为基础呢？必须承认的是，自然法理论预设的那个“先验”的标准确实难以把握，意识范畴中的“正义”、“理性”、“人性”不但高度抽象，而且在不同的时代人们对此有不同甚至相反的解读。尽管20世纪哈特（Herbert Hart）与富勒（Lon L. Fuller）的法理学争论影响是如此深远，然而，这场论战只是非常有限地调和了“实然”与“应然”之间的矛盾，并没有彻底解决问题。“菲尔姆·诺思罗普认为，现代世界的自然法既不能根据亚里士多德－托罗斯的自然法观念，也不能根据洛克和杰弗逊的自然权利哲学，而应当以得到现代物理学、生物学和其他自然科学（包括心理学）所支持的自然和自然人的观念为基础。他主张必须根据这种自然法理论所可能提供的科学基础，来建立保护人类生存的行之有效的法律。他在《耶鲁法律杂志》第61期著文，认为只有一个真正普遍的自然法才能缓和当今世界中法律多元主义所造成的敌对和紧张，并在人民之间产生一定的相互理解，而这种理解正是世界和平所必不可少的。新自然法学派比过去的学者更重视基本的生物事实、人类学资料、宗教信仰对价值体系的影响。可以预料，今后的时代，自然主义的价值论愈来愈体现自然科学与社会科学的有机结合。”[1] 要正确认识和处理生态问题，必然要涉及对地球生态系统的科学认识，法律要努力反映生态规律。环境正义是环境法学的基本假设，即环境法学理论的“硬核”。我们不但要在传统的人际关系中实现环境正义，

〔1〕 吕世伦、文正邦主编：《法哲学论》，中国人民大学出版社1999年版，第665页。

也要在人与自然界之间实现环境正义。在此前提之下，动物权利问题、代际正义问题等成为环境法的“保护带”，即环境法研究的辅助性假设。环境法的各种具体法律制度则成为环境法的“解题方法”。[1] 如果环境正义是环境法学研究的逻辑起点和最终归宿，那我们就必须尊重生态规律，通过审视和反思我们的行为，重新认识自然界的内在价值，重新认识我们自己在生态系统的位置，并由此总结出行为的基本原则，当我们通过法律来规范自己的行为时，就能按照生态规律正确处理自己与生态系统中非人类存在物之间的关系，而不是像传统的法学那样，把非人类存在物全部视为没有内在价值的可以肆意利用的“物”，法律只是维持人对非人类存在物的统治地位的工具，很少有人意识到增进人类利益的途径并不是任意地向自然界索取。要实现人与自然界之间的环境正义，我们就必须改变传统法律所设定并努力维系的那种人与自然界之间的权力统治关系。正如汪劲教授所言：“现行环境法与环境保护的关系是以人的利益为中心间接反射至环境利益的，所以现行环境立法与当代环境伦理的要求还相去甚远，称之为‘环境保护法’的法律其目的在实质上并不是为了保护环境，而是保护地球的‘统治者’——人（自然人以及通过法律拟制的人或国家等）的权益。”[2] 在人际关系中，没有哪个人会欢迎没有限制的绝对权力，当代政治哲学也不会为绝对权力导致的专断和暴政做正当性辩护，对于

---

〔1〕 朱春玉：“环境法学体系的重构”，载《中州学刊》2010 年第 5 期。

〔2〕 汪劲：《环境法律的理念与价值追求——环境立法目的论》，法律出版社 2000 年版，第 148 页。

权力，我们总是要设计出各种具体制度以制衡它，然而，我们对待自然界的态度与毫无限制的权力却没有什么差异。传统法学赞成的那种对自然界的权力统治关系在生态学上找不到合理的依据，对自然界“施加的无限制权力往往如同无限制的政治权力一样，对人们来说是危险的。总而言之，当那些权力的行使者未能顾及或意识到其行为对人们的影响时，人们就会因此而受到伤害。……职业的专门化、地域的隔阂、强有力的技术以及进步的意识形态，这一切结合在一起，使得善良的人类中心主义者的视线触及不到由于对自然的权力以及对这种无限权力的追逐导致的人类苦难”[1]。美国有学者指出，美国的宪法的传统信念是建立在长久以来关于物种、财产、种族、性别和公民身份的概念基础之上的，而为了非人动物的利益需要重构宪法。法理学的互赖性，在美国可能因人、动物等激起并进一步因人与司法间的重构而提升，该法学观点有可能引起我们对长久以来以人为中心的法律、政治及哲学理论的分析和重构。[2] 因此，法学理念的转变将改变传统法律观看待动物的思想基础，这意味着法学的转向，即不能绝对地以人为中心来构建法学理论。

---

〔1〕［美］彼得·S. 温茨：《现代环境伦理》，宋玉波、朱丹琼译，上海人民出版社2007年版，第264页。

〔2〕 Tucker Culbertson, “Animal Equality, Human Dominion and Fundamental Interdependence”, *Journal of Animal Law*, 2009.

第三节　动物可以成为法律主体

一、"主体"是法律拟制的产物

如果我们不再坚持主流法学的思维方式，那么非人类生命体也可以成为法律主体。法律自身的发展说明了主体概念的复杂性。法律规范人的行为，但法律上的人并不是现实中的个体，而是经过抽象指涉某种本质特征的概念，对这种特征在不同时代有不同的理解，正如龙卫球教授所说："每一个历史阶段，影响形成立法思维的实体观念，将是决定法律主体概念内涵的关键性前提。法律根据立法者接受的实体观念，确立法律上的主体，将之作为法律关系轴心，承受法律关系内容，由此建构法律秩序。"〔1〕对于秩序实体与正当秩序的理解决定法律会选择什么样的实体性，法律主体基本上是一个在个人主义指导下不断走向完善的过程。

罗马法首先实现了人与人格的分离，人格理论的作用是为法律区分人与非人提供了标准，生物人不一定是法律人，奴隶就不具有法律地位，法律通过这种技术将人分为各种身份等级。虽然罗马法授予家父完全行为能力作为统领家族的最高权威，但罗马法的法律规制却是针对家族而设计的，这是因为立法者把家族看作法律的基本构成单元，"主体资格

〔1〕龙卫球："法律主体概念的基础性分析（下）——兼论法律的主体预定理论"，载《学术界》2000年第4期。

的实现以家父为媒介，通过家父代表制实现家族间的法律关系。这可以简单表述为：家族 - 家父 - 主体”[1]。中世纪教会法统治时期，奴隶转变为法律上享有一定权利义务的农民，但并未从根本上改变对封建领主的人身依附关系，后者依然可以不完全占有前者的意志和人身，在这部分被强制的领域里农民依然是作为法律客体的面貌出现的。[2] 经过启蒙时代的洗礼，神学统治让位于个体解放，古典自然法的精神重回法律视野。1804 年《法国民法典》以伦理意义上的平等人格取代自罗马法以来强调等级差别的人格，理性的人成了权利主体，法律以年龄、精神状况的差异为由对人的行为能力作出区别对待，但个体不再因身份等级而受到歧视。人类历史上曾经不是所有的人都能成为法律上的人，如奴隶、妇女、有色人种等，实际上“把自然人和其他的被造物明确区分开，而且在法律上明确只有自然人才具有法律上的人格，这一点一直到 15 世纪到 16 世纪时才肯定下来”[3]。尹田教授更认为，实际上自法国《人权宣言》宣称人权的主体就是人（Homme）和市民（Citoyen）以后，人人平等就已成共识，人格作为区分身份的工具就失去了意义，法律已无必要再以繁琐的技术将人格赋予每个个体。[4] 另一方面，由于立法者坚持绝对的个人主义立场，不承认团体组织的法律人格，“在法国法最深度的法律结构中，其立法思维所承认的法律

---

〔1〕 李萱：“法律主体资格的开放性”，载《政法论坛》2008 年第 5 期。

〔2〕 李锡鹤：《民法哲学论稿》，复旦大学出版社 2009 年版，第 90 页。

〔3〕 ［德］汉斯·哈腾鲍尔：“民法上的人”，孙宪忠译，载《环球法律评论》2001 年第 4 期。

〔4〕 尹田：“论法人人格权”，载《法学研究》2004 年第 4 期。

人格，只有个人或自然人；团体或法人不是法律价值观念中的主体，只是商法所承认的作为商业经营技术意义上的主体，这种团体主体，其价值基础仍然是个人的主体性"[1]。18世纪晚期，自然法传统遭到强烈批判，受以萨维尼（Friedrich Carl von Savigny）为代表的历史法学派影响，注释法学与概念法学兴盛起来，德国的学说汇纂派尤其强调法自身的抽象性与逻辑性，德国法据此认为民事主体资格的取得还必须在实定法上找到确认依据。《德国民法典》认为，人在实定法上的目的在于生活资源的取得，"而此一目的在实定法上又表现为权利的享有与义务的承担，因而实定法上的人的属性，就被顺理成章地作为'对于权利以及义务的承载能力'，即'权利能力'。于是，法律人格的依据，便相应地从法国民法上'人的理性'，演变为德国民法中的'权利能力'，从而完成了民事主体的实质基础从自然法向实定法的转化。从此，人的伦理属性，至少在法律技术的层面，被这个实定法的概念所掩盖了。"[2] 权利能力较人格更为抽象，使得主体制度不必再从人的特征中去寻找联系和依据，避免了用单一的主体模式去解释现实生活可能产生的弊端，"首先，通过权利能力赋予主体资格。什么样的实体享有主体资格，在更多意义上，由当时的社会文化空间熔铸的法价值诉求决定。权利能力的基本前设表现为价值问题。其次，行为能力与主体资

---

〔1〕 龙卫球："法律主体概念的基础性分析（下）——兼论法律的主体预定理论"，载《学术界》2000年第4期。

〔2〕 马俊驹："人与人格分离技术的形成、发展与变迁——兼论德国民法中的权利能力"，载《现代法学》2006年第4期。

格两相分离。确定了何种实体享有主体资格之后，根据不同主体的行为能力，设计不同的主体实现机制……与主体制度深刻映射社会价值诉求不同，具体主体的行为能力、甚至有无行为能力都是处于立法价值后位的法技术问题。"[1] 马俊驹教授因而指出："《德国民法典》将'权利能力'作为法律人格的实定法基础，同时使得'人格'之具备在形式逻辑上与个人所独具的'理性'分离开来，这使得'团体人格'的确认在法律上成为可能。"[2] 权利能力业已成为民法的主流概念，"在现代，只有少数国家或地区的民法继续使用人格的概念，例如葡萄牙、魁北克和澳门"[3]。

法律在现实生活面前总是更多地表现出滞后性。尽管人格和权利能力的概念有着明确界定，但在胎儿的法律地位、人类基因的法律地位以及安乐死问题等充斥着伦理上两难抉择的领域时，民法的基本概念和理论就愈发显得捉襟见肘了。近代《瑞士民法典》首开全面保护胎儿权利的先例，胎儿只要出生时存活，其权利能力就推定至出生之前，这一做法也得到了世界各国的认可。然而，胎儿被法律认可为"人"依然存在问题，胎儿出生前的哪个阶段才算是"人"争议极大，如何认定牵涉到妇女是否有权堕胎等问题。还有悬而未决的人类胚胎法律地位问题，"胚胎与人是不是一回事，与破坏胚胎或移植失败是否应成立杀人罪有关。"[4] 生命科技

---

〔1〕 李萱："法律主体资格的开放性"，载《政法论坛》2008年第5期。

〔2〕 马俊驹："人与人格分离技术的形成、发展与变迁——兼论德国民法中的权利能力"，载《现代法学》2006年第4期。

〔3〕 徐国栋：《民法哲学》，中国法制出版社2009年版，第73页。

〔4〕 黄丁全：《医疗法律与生命伦理》，法律出版社2007年版，第439页。

的发展将这一问题再推进一步，仅就人的生命而言，伦理学上可以划分为生物生命（biological life）、传记生命（biographical life）、延伸生命（extensive life）三个层面，其中生物生命早已为民法认识，传记生命特指与人的智性相关的精神生活，而所谓延伸生命是指“一个人之生命在其躯体外或死后之延伸”，这种延伸可能发生在基因延伸（genetic extension）的意义上，即通过基因科技的帮助，人的生物生命可以保存基因的方式存活下来，甚至可以通过复制技术活了过来（back to life again），这显然将带来难以想象的文明危机。[1] 这是否意味着基因可能成为法律主体呢？目前关于基因的理解与通常所说的“实体”概念相去甚远，而基因确实也被当作一种有商业价值的特殊物，但似乎很难就想当然地认为基因仅仅是物，是法律客体。科技的迅速发展会很快创造出一些介于人与非人之间的实体，例如转基因动物，抑或是人工智能的实体，这些实体的法律地位该如何判断是极为困难的事情。[2]

一般认为自然人的权利能力因死亡消失，然而这一问题同样充满困惑，焦点在于死者是否享有人格权，法律对此看法不一。德国宪法法院的判例维持传统民法的认识，而中国最高法院在“荷花女案”、“海灯法师案”等判例中似乎认为

---

〔1〕 颜厥安：《鼠肝与虫臂的管制——法理学与生命伦理探究》，北京大学出版社2006年版，第20~21页。

〔2〕 David Fagundes, “What We Talk about When We Talk about Persons: The Language of a Legal Fiction”, *Harvard Law Preview*, Vol. 114, No. 6, April 2001, p. 1768.

死者享有人格权。[1] 事实上，自然人权利能力终于死亡的规定也面临着巨大困难，因为现代医学的发展导致如何认定死亡也成为一件极其困难的事情，徐国栋教授认为："权利能力的终止并非截然的过程，而是淡出。"[2] 他还认为立法抛弃这一规定已经是大势所趋，但这又引发了死亡多久的人可以成为民事主体的难题，这一点在著作权法对死者权利保护的规定上已经体现出来。[3] 另外，从生命伦理学来看，单纯考虑生物物种的区别并无实质的道德意义，如果杀死一个理性的人是错误的，那么杀死一个有一定理性的动物同样是错误的，因为后者虽然不是前者那样的生物人，但二者均可以成为"位格人"，所以重点不在于划分人与动物，而是在于区分"具有理性与自觉之生命"和"不具有理性与自觉之生命"，这种理解在安乐死与堕胎这样充满道德困境的领域里尤其具有指导性。[4] 这也暗示着排斥非人类存在物成为法律主体并不是一种站得住脚的思考。

总之，法律主体是一种拟制的产物，取决于每个时代的具体观念。德国著名法哲学专家阿图尔·考夫曼（Arthur Kaufmann）认为，人类确实掌握支配动物的权力，但这个事实本身不能推导出人类以伤害的方式利用动物具有正当性，

---

〔1〕 李拥军："从'人可非人'到'非人可人'：民事主体制度与理念的历史变迁——对法律'人'的一种解析"，载《法制与社会发展》2005 年第 2 期。

〔2〕 徐国栋：《民法哲学》，中国法制出版社 2009 年版，第 232 页。

〔3〕 徐国栋：《民法哲学》，中国法制出版社 2009 年版，第 232～233 页。

〔4〕 颜厥安：《鼠肝与虫臂的管制——法理学与生命伦理探究》，北京大学出版社 2006 年版，第 35～36 页。

虽然当代法律理论预设了人类地位高于动物的前提，然而至今并无证据可以证明人类的位阶确实如此，因为类比理论本身尚无法得到确认，进化过程本身也不能推导出这一点，因此在法律上规定动物权利并无不可。[1] 从人格到权利能力是一个法律主体范围不断扩张的过程，而“权利能力概念是运用法律技术吸纳非自然人作为民事主体的结果”[2]。在当代，人人都是法律上的人，还可以通过法律技术将组织体拟制为“人”，因此在逻辑上并没有什么存在于法律之前的某种“先验”的法律主体。不仅法律主体的概念随着伦理观念演变处于矛盾之中，甚至曾为扩充法律主体起到重要作用的权利能力自身如今也面临着巨大危机，这恰恰说明现实生活的复杂性。什么样的实体被拟制为法律主体，很大程度上是政治和法律抉择的结果，而法律的认知并不是恒久不变的。如果作为生命主体的人类道德病人可以成为法律主体，非人类存在物在逻辑上也应当能够成为法律主体。

二、法律主体的标准

现代法律对于主体的理解和判断源于康德的论述。他说：“人，是主体，他有能力承担加于他的行为。因此，道德的人格不是别的，他是受道德法则约束的一个有理性的人的自由。道德的人格不同于作为心理上的自由，因为心理上的自

---

〔1〕［德］阿图尔·考夫曼：《法律哲学》，刘幸义等译，法律出版社2011年版，第317～318页。

〔2〕叶欣：“私法上自然人法律人格之解析”，载《武汉大学学报（哲学社会科学版）》2011年第6期。

由仅仅是一种能力，通过这种能力，我们可以在不同的情况下，意识到我们自己与我们的存在是一致的。因此，结论是人最适合于服从他给自己规定的法律——或者是给他单独规定的，或者是给他与别人共同规定的法律。”〔1〕高利红先生指出：“康德的思路是明确的，人是什么？是主体。主体是什么？是道德人格的承担者。道德人格是受道德法则约束的一个有理性的人的自由。而自由是什么？自由就是自由意志，是意志运动的规律！这样一个长长的因果链条就是康德将主体等同于意志自由的逻辑进程，是康德为我们勾画出来的人的形象，那不是别的，就是一种自律的精神，就是意志的自由！”〔2〕也就是说，在康德那里“由于自由意志的本质乃是自主决定性、不可规定性和无限可能性，具有自由意志的伦理上的和法律上的人／主体既可能遵循‘纯粹实践理性’的要求，完全恪守道德法则来处世行事；也可能以‘一般实践理性’为依据，为自身利益处心积虑而违反‘纯粹实践理性’的要求。正因如此，伦理上的和法律上的人／主体也才具备了承担（因违反道德义务和法律义务而产生的）道德责任和法律责任的能力，这种能力就是可以承担义务之能力的进一步体现”〔3〕。

然而，前述关于法律主体范围不断扩张的事实已经暗示

〔1〕［德］康德：《法的形而上学原理——权利的科学》，沈叔平译，商务印书馆1991年版，第26页。

〔2〕高利红：《动物的法律地位研究》，中国政法大学出版社2005年版，第160页。

〔3〕崔拴林：《论私法主体资格的分化与扩张》，法律出版社2009年版，第127页。

了一点，即自由意志不能解释何以低能人可以成为法律主体的事实。人类社会早期以身份等级来决定法律主体资格，到了启蒙思想家那里，理性的旗帜摧毁了身份的高墙，康德更是确立了自由意志标准，但是把意志自由当作单一原则适用就会产生矛盾。高利红先生指出，单一的意志标准最大的缺陷是不能概括全部法律主体的特征并阻碍法律创新。法律实际上采取的是多元化的法律主体标准，例如，生物学意义上的人的形状与结构事实上是法律主体的标准之一；感知痛苦的标准拓展了意志自由的标准，事实上允许动物成为法律主体；此外，自利自保的天性、拥有情感、社会性、语言能力、可教育性、劳动能力等都从各个角度支持人作为法律主体的主张。这充分说明，主体的标准是多元的，也并非每个法律主体都要符合上述标准，只要符合其中一项以上即可。[1] 笔者认为，预设意志自由是不可动摇的单一标准，当然会把动物排除在法律主体范围之外。

三、动物的准人格资格

一些学者认为，应当赋予动物以准人格资格。“动物准人格制度，是以立法上赋予动物准人格的主体资格为核心，以天赋的权利义务关系为标准，以传统的法律拟制理论、诉讼代理制度为突破，以人类与动物的共同利益为诉求来启动，构建一个以保护动物权利（生存权、不受虐待权）为主旨的

---

〔1〕 高利红：《动物的法律地位研究》，中国政法大学出版社 2005 年版，第 166～176 页。

特别法律制度程序。"[1] 笔者认为，这个定义还有需要进一步予以澄清的地方：

第一，动物具有内在价值并无异议，但是动物不是道德主体，根本无法承担道德义务，但作为道德病人却可以享有基本的道德权利。法律制度承认其享有准人格资格的前提是人类认识到动物具有内在价值，我们必须在自己的行为上尊重一切具有内在价值的生命体。所以，认为动物需要承担义务是荒谬的，既不可能更不必要。也就是说，动物只享有权利，而只有人类才对动物负有义务，动物之间既无权利也无义务。那种将权利义务的对应关系绝对化的说法实际上是站不住脚的，试想，胎儿享有权利，但胎儿如何承担并履行义务？低能人确实可能存在日后恢复正常精神状态的可能，但是实际生活中，从出生至死亡都处于低能状态的人类个体比比皆是，他们何以承担和履行义务？尽管如此，我们却承认他们都享有权利。这种权利当然不是选举权这样的权利，而是作为有机体，其必然具有相应的内在价值，具有自我保存的本能，或者说，实现自我保存符合其根本利益，这构成了其基本的道德权利，法律必须承认并保护其最基本的道德权利。低能人只不过不具有所谓的理性和自由意志，但这不成为反对其享有生存权的理由，动物也是一样。再次强调，很多动物不但有感受能力，而且还具有自我意识，能保持生理和心理上的同一性，否认这样的有机体具有内在价值毫无疑问是有偏见的。而且，这种解释的思路也说明，动物享有准

[1] 陈泉生等：《科学发展观与法律发展：法学方法论的生态化》，法律出版社 2008 年版，第 360 页。

人格资格实际上与环境保护并无直接关系，甚至于环境保护也根本不构成我们对谁享有权利或承担义务的前提条件。动物享有准人格资格意味着我们对它们负有道德义务，仅仅因为它们具有内在价值，而道德哲学要求我们必须尊重一切具有内在价值的事物。哪个物种或者物种中的哪个个体能给我们带来更大的好处（对环境保护有益也是其中一种）不是我们考虑问题的标准，那样反而陷入了单一的功利主义原则的窠臼之中，也就是说，动物保护本质上不是所谓的环境保护问题，而是一个政治哲学和道德哲学以及法哲学问题。

问题在于，道德权利向法律权利的转化虽然并不是一一对应的关系，但是，法律否认基本的道德权利无论如何是荒唐且危险的。

第二，动物的准人格资格指向两项基本的道德权利：一是生存权，二是不受虐待权。这两项权利都是消极权利，即人类不是通过积极的行动去帮助动物生存和发展，而是以不作为的方式尽量不去干扰其生存和发展，动物的命运应当交由大自然来决定。生存权的具体内容是指动物具有不被人类灭绝并得以在自然状态下自由生存和发展的权利；不受虐待权是指人类不得虐待动物的个体。这两项基本的道德权利应当转化为法律权利。

尽管使用权利的语言作为保护大自然和动物的武器仍然存在巨大争议，但是正如克里斯托弗·司徒博（Christoph Stückelberg）所言：“自然的权利不是保证一定会保持适度的灵丹妙药！但它们如同一条道路上的禁行标志：迫使人们在继续前行或者万不得已需要改变方向之前，首先看清楚左右情况，是否没有危险的威胁。在干预自然之前必须申明理由，这种干预是否事实上是为生活所必需的和促进生命的，……如果存在其他的途径，同样也达到保存自然的自身价值和尊严的，就需要对它们进行认真权衡。”[1]

在实践中，这两项权利要求我们原则上必须放弃对动物的压榨和屠杀，否则就是侵犯了它们的生存权。这也是为何笔者在探讨动物保护问题时，没有提及也不会提及有关动物利用的法律制度，如动物及其制品的贸易法律制度等等。在人类中心主义的法律系统里，这部分制度也是动物保护法的组成部分。然而，这样的法律制度根本经不起伦理的拷问。人类确实可以管理和控制许多动物，并继续压榨和屠杀动物，但是我们却不能从这个事实当中推导出这一现状的正当性。强权在人类社会中无处不在，也没有随着人权理念的发展而日趋湮灭，但我们显然不能接受强权就是合理的结论。对动物的压榨和屠杀并不仅仅是一个事实，而是人类社会等级制的必然产物。等级制反对重新审视人类与非人类生命体的关系，也不认为人类与非人类生命体之间存在道德关系，相反，等级制固化各种层次的统治与压迫，在等级制之下，我们可以看到西方优越于非西方，北方国家优越于南方国家，现代国家优越于土著人民，男人优越于女人，白人优越于有色人种，人类优越于非人类生命体，而这种优越无一例外地表现为前者对后者的统治与剥削，而资本主义的生产方式和对增长的追求更是史无前例地为等级制推波助澜，而确认动物的准人格资格恰恰反对这种统治与剥削。这与确认后

---

〔1〕［瑞士］克里斯托弗·司徒博：《环境与发展——一种社会伦理学的考量》，邓安庆译，人民出版社2008年版，第319页。

者享有反抗前者统治与剥削的权利没有本质区别，只不过动物的权利不能通过它们自身来争取，这就涉及对第三个要素的理解。

第三，动物的法律权利由作为道德主体的人类通过代理制度代为行使。这是因为，动物作为道德病人无法行使自己的法律权利，法律权利只能由道德主体辨识并代为保护。

这一点不难理解，人类社会中那些不具有“理性”的个体，法律保护他们的生存权，并指定符合法定条件的监护人对其基本利益予以保护。动物是道德病人，因而动物之间的关系无所谓对错善恶，但是人类与动物之间却存在着道德关系，所以，我们有义务承认其具有道德权利，并通过规范自己的行为来保障它们权利的实现。如果有人侵犯了动物的生存权或者对其个体进行虐待，作为道德主体的人类则应当在法律上作为动物权利的保护者代为提起诉讼。人类的代理人角色可以在神学和法学理论中找到支持。

基督教一度被斥责为人类统治大自然提供了依据，不过，近年来国际基督教神学界已经意识到需要在环境危机的时代重新解读人类与非人类存在物之间的关系。克里斯托弗·司徒博认为：“……如何能够把对（上帝）惠施的过于丰盈的受造物充分敬重和对它们进行破坏的限制一致起来？‘你们要看管这个园子’（《创世纪》1，28）这一托付，在后两篇（成文于2500年前巴比伦人的流放记）《圣经·创世纪》的经文中，永远都是公共领域对人与其他受造物关系的最为著名的《圣经》陈述。绝对地看，它是《圣经》的主要主张，经常地被误解为压迫性的统治姿态，因此遭到拒绝。但这种看管园子的姿态，不能被指责为对自然的任意剥削。毋宁说，它的意思是指要负责任地与共同世界相处，就像某个国王与其臣民的交往，或者一个好的托管者（steward）与他受托的财宝的关系一样。"[1]

在这样的解释之下，人类不是地球的主人而是扮演客人的角色，司徒博提出的“客人守则纲要Ⅰ/1”是处理与造物主上帝的关系的基本准则：人类作为上帝的受造物不能以为自己是占有者，“作为受造物你有机会耕种和保护这个园地，因此而使你受恩典的生活继续下去"[2]。这意味着人类作为上帝最高程度的受造物，有义务照管好上帝的创造，手段则是通过与大自然保持适度与自制的交往。

就法学理论而言，人类的代理人角色的理论基础是信托理论和代理制度。关于信托理论，可以追溯至查士丁尼的《法学总论——法学阶梯》，成熟于中世纪英国的衡平法。信托理论牵涉三个方面的关系，即信托人、受托人和受益人。简言之，就是受托人接受信托人委托并以财产所有人的身份为受益人的利益管理和使用财产。信托理论在20世纪70年代被引进环境问题的处理之中，这成为环境权早期发展过程中的重要理论依据，其实质就是把对人类生存和发展至关重要的环境要素解释为公共财产，对这些要素的损害就相当于损害了公共财产，而政府作为社会利益的代表有责任承担保护公共财产的义务。不过，从信托的发展历史来看，其始终

〔1〕［瑞士］克里斯托弗·司徒博：《环境与发展——一种社会伦理学的考量》，邓安庆译，人民出版社2008年版，第266页。

〔2〕［瑞士］克里斯托弗·司徒博：《环境与发展——一种社会伦理学的考量》，邓安庆译，人民出版社2008年版，第282页。

是围绕着财产利益及其分配进行制度设计的，不管环境要素本身的伦理意义如何，关键是能够得出它们的市场价格，否则设立信托就毫无意义。然而动物需要保护乃是出于道德上的考虑，以其对某些人类群体具有经济价值或财产利益为由提起保护的诉求是一种存在严重缺陷的理由，“环境公共信托理论并不承认自然是权利的主体，其仍然是将自然作为人类环境权的客体来加以保护，……把这一理论作为自然权利的司法救济的理论基础似乎是十分矛盾的”[1]。信托理论在一定范围内确实可以发挥环境保护的作用，但是当涉及生命形式的保护时，局限性就表现的格外突出了。代理制度则主要见于大陆法系，首次出现于1896年的《德国民法典》，一般认为，代理是“一人以他人的名义或以自己的名义独立与第三人为民事行为，由此产生的法律效果直接或间接归属于该他人的法律制度”[2]。代理制度在理论上并不限于对财产利益的保护，可以避免信托理论在逻辑上的困难之处。

目前，司法实践已经有承认动物物种法律权利的倾向。例如，美国1978年田纳西流域管理局诉希尔案，在该案中，耗资上亿美元修建的大坝与一种不起眼的名为蜗牛镖（snail darter）的物种的生存发生冲突，最终后者战胜了前者。[3]而在2003年格兰德鲦鱼诉美国垦务局局长约翰·W. 基斯案

〔1〕 张锋：《自然的权利》，山东人民出版社2006年版，第237～238页。

〔2〕 王利明：《民法》，中国人民大学出版社2000年版，第154页。

〔3〕 汪劲、严厚福、孙晓璞编译：《环境正义：丧钟为谁而鸣》，北京大学出版社2006年版，第161～205页。

中，濒危物种成为共同原告之一。[1] 2000年，欧盟通过法律禁止使用大猩猩做医学实验，尽管法律没有明确这种高等哺乳动物享有生命权抑或不受虐待权，但是大猩猩的基因与人类基因几乎接近一致，其个体是雷根所说的典型的生命主体，当然享有基本的道德权利，法律实际上间接承认了这一点，否则，按照功利主义，使用这种动物进行医学实验会比使用其他动物产生更好的效果。虽然在上述例子中的具体情况非常复杂，但是动物，尤其是那些明显享有道德权利的动物物种或者其个体在学术界和立法者那里都引起了注意。[2] 在有关诉讼中，有关政府机构、个人及环保组织成为原告，突破了诉讼法关于原告必须具有直接利害关系的要求，这与环境公益诉讼的发展是分不开的。尽管公益诉讼还不够成熟，但人类成为动物利益的代理人无论在理论还是实践上都不是空想。

第四，原则上，动物准人格资格的主体是作为整体的动物，即物种，而不是作为个体的动物，但这不意味着法律忽视对个体的保护。这一点非常重要，这意味着原则上，人类

---

〔1〕 汪劲、严厚福、孙晓璞编译：《环境正义：丧钟为谁而鸣》，北京大学出版社2006年版，第206～207页。

〔2〕 2013年欧盟进一步立法，要求全面禁止化妆品动物实验。按照这一立法，那些感受能力较弱甚至不大可能具有感受能力的动物都拥有了道德权利，这在理论上扩大了动物权利论的适用范围。参见“欧盟下令全面禁止化妆品动物实验”，http：//finance. sina. com. cn/stock/usstock/c/20130311/202014 793791. shtml，最后访问日期：2015年3月18日。

主要是对物种负有义务，而不是对个体负有义务。[1] 整体主义的同心圆理论要求我们对动物负有一些义务，但这些义务主要是消极的，即通过约束和限制自己的行为以免干涉和影响大自然进化进程中动物的生存和发展。不过，对物种的保护却不意味着我们可以任意对待动物物种中的个体，或者在特殊情况下拒绝采取行动对其个体提供保护。

笔者认为，法律对动物提供保护是一种建立在政治哲学和道德哲学以及法哲学基础之上的产物，而不是主要以生态学或生物学为基础的产物。这也解释了为何呼吁不断扩大动物法保护对象范围的主张实际上是荒谬的。原因在于，不是所有的动物都具有足以使得我们动用我们有限的资源对其提供保护的道德意义。[2] 别忘了广义的动物还包括微生物和细菌，但一般情况下，法律确实不可能保护它们，事实上，我们每个人无时无刻不在干扰或者消灭一些微生物和细菌，这该如何解释？关于这个问题的回答涉及动物的内在价值问题。相比微生物和细菌，动物保护法中所保护的对象显然具有更高的内在价值，被认为具有更多的利益，因为它们具有更强的自我实现的功能，拥有更高程度的善，在人类的认识范围

〔1〕 原则上，对于驯养动物，我们对个体负有义务，而且是积极义务。但对于动物，我们对其整体负有义务，而且是消极义务，也就是说，我们有义务去帮助驯养动物生存下去，但却不必主动帮助动物的个体。我们默认大自然对动物个体的处置，即使其个体在大自然中受到非人类行为的伤害或者死亡，我们也不必去帮助它们，我们只是有义务不因自己的行为导致其物种的灭绝。简言之就是动物福利不能适用于动物保护。

〔2〕 这一点在个体主义的动物保护进路那里最为典型，雷根的论述通篇都找不到“环境保护”抑或“生态平衡”之类的字眼，因为这些目的对于个体主义的动物保护根本没有意义。

内，这种内在价值的程度足以使得我们意识到我们对待它们的行为足以构成对我们行为的道德约束。人显然是地球上最复杂也具有最高内在价值的有机体，原则上，法律必须对人提供最严密的保护，而对动物提供的保护显然不能超过对人的保护，在动物内部，对于那些具有较高内在价值的物种，法律提供更多的保护，随着物种内在价值的逐步递减，法律的保护强度也随之减弱，在微生物和细菌这里，该物种的内在价值之低使得法律已经没有必要对其提供保护（事实上也没有可能做到这一点）。[1] 布赖恩·巴克斯特指出："道德关怀的程度随着我们沿着从简单生命形式到复杂生命形式这个谱系而变得越来越高。……如果神奇是一个'厚实'的概念，具有依据对某个特定的目的、美丽、优雅和过程的便捷等方面的错综性、匀称性来加以说明的某种清晰内容，那么，随着这些内容的复杂性的增加，神奇也必然增加。由于内在价值是建立在神奇的基础之上，并且道德关怀又是建立在内在价值的基础之上，对于'道德关怀随着复杂性的增多而增加'的理解也就显而易见了；而且，当我们沿着这个谱系向前走，各种生命形式能够忍受和经历的利害的种类和范围、它们遭受痛苦的能力、它们交替变化的程度及其他可变的属

[1] 这并不是说微生物和细菌的消亡毫无意义，而是说，它们的个体的消亡还不大可能构成对我们的道德约束，我们一般不对内在价值很低的存在物负有严格要求的道德义务，而它们的个体也很难被证明具有道德权利。再往前推进一步，与微生物和细菌相比，沙土和石块就完全不具有内在价值了，也不具有自己的利益，人类所有的人文社会科学理论几乎都不会证明它们具有道德权利，而我们会对它们负有道德义务（但这不影响我们应当持有敬畏自然和谨慎对待各种自然存在物的态度）。

性，也都变得更为复杂。”[1]

总之，根据上述讨论，赋予野生动物以某种法律人格使其成为法律主体并无不可，但从整体主义的角度出发，成为法律主体的应当是物种而不是其中的个体。但是，对野生动物物种的保护实际上又是通过对物种的个体保护来实现的，因为物种不是个体，不能感受苦乐，物种只是科学研究所使用的一个术语，现实中往往表现为一定数量个体的集合。于是，难题出现了，我们应当如何处理物种保护与个体保护的关系？布赖恩·巴克斯特认为我们可以这样考虑问题：“首先，当生命形式是低程度的个体时，也就是说，当个体样本在行为方式的特征方面是可交替变化时，那么，道德关心的主要目标，也就是道德关怀的主要对象是物种。随着生命形式显示出个体性的较高程度，尽管在这时物种依然是道德关怀，但……道德关心的主要目标是个体样本。”[2] 于是，“个体性较低的物种其内在价值的程度要高于它的任何个体样本的内在价值程度，因此，当拥有较高内在程度的内在价值的实体之间发生利益冲突时，后者（指个体样本——译者注）的内在价值常常轻易地被践踏。在这种情况下，很有可能，个体样本的内在价值是如此的低（即使不会低到零），以至于它对那些具有更多内在价值的生物所具有的工具价值可以轻易地压倒它自己的内在价值。在医学实验中，细菌的

---

〔1〕［英］布赖恩·巴克斯特：《生态主义导论》，曾建平译，重庆出版社2007年版，第79～80页。

〔2〕［英］布赖恩·巴克斯特：《生态主义导论》，曾建平译，重庆出版社2007年版，第80～81页。

利用是一个很明显的例子——尽管还有很多难以确定的例子。"[1] 这解释了在动物保护中，为何法律几乎从不对微生物和细菌提供保护，却会为脊椎动物和哺乳动物提供最强的保护。而在对脊椎动物和哺乳动物的保护中，由于其个体明显具有更高的内在价值，因此，对于个体的保护往往具有和对其物种进行保护大致相当甚至更为重要的道德意义。

〔1〕［英］布赖恩·巴克斯特:《生态主义导论》，曾建平译，重庆出版社2007年版，第80~81页。

第三章 野生动物栖息地的法律保护

野生动物是一个极其庞大的概念，而通常人们首先想到和关注的是那些具有感受能力的野生动物。但是，从整体主义出发，对生态系统稳定起至关重要作用的还有大量不具有感受能力的野生动物，此时，我们所说的野生动物实际上是在指这些动物的物种。总体来看，当代法律对于野生动物保护是通过对物种栖息地的保护来实现的，目的在于尽量减少人类活动对物种生存环境的干扰与破坏，是一种间接的但更为有效的做法，在法律上，就是设置各种类型的自然保护区。因此，自然保护区的保护是野生动物保护中的重要环节。但是，地球上已经很难再找出不受人类活动影响的地域，如何平衡人类对土地利用的需求与对野生动物栖息地的保护之间的矛盾，可能是野生动物保护具体措施能否成功的关键。

第一节 野生动物栖息地与荒野观

栖息地又称为生境（habitat），是“具有一定环境特征的植物或动物的生活居住地"〔1〕。在环境科学上，是指"一个生物体或其群落所居住的地方，是指具体的特定地段上对生物起作用的生态因子总和。即什么样的生境条件下决定了生长什么样的生物种或生物群落。所以生境比一般所说的环境更有具体的意义"〔2〕。野生动物栖息地的丧失和破碎化是野生动物物种濒临灭绝的两大重要原因。一方面，栖息地的丧失和毁坏多是因为人类的经济活动导致土地用途被改变，也就是荒野被当作仅仅具有经济价值的区域，这要求我们必须重新认识野生动物栖息地的价值。栖息地的丧失是物种灭绝的主要原因之一，1994 年以前经典的生态理论认为在栖息地遭到毁灭性破坏时，生态群落中最弱的物种种群先灭绝，然而现在有学者证明强的物种种群对环境的适应力反而更弱，对栖息地的毁坏更为敏感。〔3〕另一方面，即使野生动物栖息地得到一定程度的保护，另一个现实问题却依然无法回避，即栖息地的破碎化。所谓破碎化就是原本大片的荒野因为人为的因素而被割裂为多个零散的小片荒野，而这些土地又被改造过的人化自然所包围。破碎化的直接后果就是栖息地的"岛屿化"。"生境破碎化不仅导致适宜生境的丢失，而且能引起适宜生境空间格局的变化。从而，在不同空间尺度上，影响物种的扩散、迁移和建群，以及生态系统的生态过程和景观结构的完整性。在连续的生境中，种群内的个体通过扩

---

〔1〕邓绶林主编：《地学辞典》，河北教育出版社 1992 年版，第 711 页。

〔2〕《环境科学大辞典》编辑委员会编：《环境科学大辞典》，中国环境科学出版社 1991 年版，第 570 页。

〔3〕林振山、汪曙光："栖息地毁坏与动物物种灭绝关系的模拟研究"，载《生态学报》2002 年第 4 期。

散和迁移，寻找和开拓新的生境和资源，降低亲缘个体间的资源竞争，避免近亲繁殖，降低遗传漂变，增加不同种群间的遗传基因的交流。"[1] 所以，并不是划定了野生动物栖息地的保护区域就万事大吉了，破碎化的栖息地同样不利于物种的生存和繁衍。无论是栖息地的丧失、毁坏抑或是破碎化，在未来可能会更加难以控制，因为现代社会对土地的开发利用规模是史无前例的。

不过，野生动物保护并不是说要让野生动物的生存远离自然的作用，而是说要让野生动物能够尽可能不受人为干扰地生活在自然之中，因为野生动物保护很大程度上是依托于对其栖息地的保护来实现的。栖息地的重要性不仅对于野生动物保护至关重要，对于整个生物多样性的保护同样具有不可替代的作用。[2]

笔者认为，对野生动物的保护能否成功很大程度上取决于我们有多大的决心保持其栖息地的原始与野性，而不是一再地将其蚕食为仅为人类利用的只有经济价值的土地资源。保持栖息地原始的野性意味着我们必须承认自然界的野性具有自己的善，否则，我们就不可能从根本上找到需要维持其面貌的理由。

现代社会对野生动物栖息地的保护与对“荒野”的理解有重要关系，该词在不同时期有不同的解读。“荒野”在英

---

〔1〕 吴金梅、王明刚：“野生动物栖息地亟法律保护”，载《黑龙江环境通报》2005 年第 3 期。

〔2〕 林灿铃：《国际环境法》（修订版），人民出版社 2011 年版，第 357 ~ 358 页。

文中以“wildness”表示，意指“荒芜之地”，并含有“混乱”的意思，[1] 中文则指“荒凉的原野”[2]。由此可见，荒野在传统观念中不但荒芜荒凉，而且是罪恶之地。如果荒野与人类之间存在着严重对立，那么征服它便是征服荒蛮，荒野的一切如果不是为了满足人类的经济需要便毫无价值。

第二节　法律中的荒野

从美国历史来看，人们对于荒野的态度和实践经历了漫长的变化过程。1620 年 11 月，威廉·布拉福德（William Bradford）率领的清教徒为逃避宗教迫害而踏上了北美洲的大地，他们“从《圣经》‘大出走（the Exodus）’中汲取勇气、力量，按照上帝的旨谕在北美新大陆开创‘荒野中的天国’”[3]。无论是宗教的影响，还是现实的生存需要，荒野都应当被彻底征服。

对荒野的征服在 18 世纪达到了顶点，其危害也开始为有识之士所注意到。美国的荒野的保护是从国家公园和森林保护开始的。1832 年，美国艺术家乔治·卡特琳（George Catlin）在达科他州的旅行中发现西部开发中印第安文化、野生的生物和荒野受到了巨大的冲击，因此建议政府通过颁行保

---

〔1〕 石云龙、李寄主编：《新世纪英汉词典》，南京大学出版社 1999 年版，第 1095 页。

〔2〕 邓治凡主编：《汉语同韵大词典》，崇文书局 2010 年版，第 464 页。

〔3〕 戴晓东：“荒野中的天国之梦——论清教徒的宗教使命感”，载《上海师范大学学报（哲学社会科学版）》2001 年第 5 期。

护政策建立国家公园。1832 年，美国阿肯色州建立的热泉国家保留地（Hot Spring National Reservation）是自然保护区的萌芽。18 世纪的浪漫主义运动大大促进了美国国家公园的发展，1972 年美国国会通过了黄石国家公园法案，随后经总统签署生效，划定怀俄明州的 80 万公顷土地为黄石国家公园，明定为“是人民的权益和享乐的公园或游乐场”，并且该片土地全部禁止私人开发。为杜绝偷猎活动，1886 年美国骑兵队进驻黄石国家公园，更加严格地禁止盗取、狩猎、放牧等，这项工作持续了 30 年之久。截至 1997 年，美国国家公园系统已经有 20 个类别，369 个单位，总面积 33.7 万平方公里，覆盖 40 个州，占国土总面积的 3.6%。其中，“国家公园”54 处，面积为 20.9 万平方公里，占国家公园系统总面积的 62%。国家公园运动由美国起源，现已发展至 225 个国家和地区，由单一的国家公园概念衍生出“国家公园和保护区体系”、“世界遗产”、“生物圈保护区”等相关概念。截至 1997 年，世界上共有 225 个国家和地区建立有国家公园和保护区体系，国家公园与保护区的数目为 30 350 个，总面积约为 1323 万平方公里，占地球表面积的 8.83%。[1]

在美国荒野学会执行主席霍华德·赞内斯特的推动下，1964 年 9 月 3 日美国总统约翰逊（Lyndon B. Johnson）签署通过了《荒野法案》（Wildness Act）。该法案首先明确了保护荒野的政策目标：为了防止不断增长的人口及相应伴随而来的人类生产生活不占据美国所有的地域，国会经立法特别

〔1〕 王永生：“自然的恩赐——国家公园百年回首”，载《生态经济》2004 年第 6 期。

为当代人与后代人的可持续的利益而保护被设定的“荒野区域”（wildness area），以此组成由联邦拥有并经国会指定的荒野系统（wildness system）。荒野与那些由人力占据统治地位的土地的区域相对，这意味着该区域的土地和生物群落没有被人类所侵扰，并且人类在该区域只能作为“访问者”而非长期的居留者。

可以说，法律对于荒野的定义和保护事实上已经基本确定下来。然而，关于荒野保护的争议依然在继续。[1] 第一个重大争议依然是关于荒野的定义，观念的不同会影响法律的取向。在不少学者眼中的荒野要保持其“纯粹性”，一个没有人存在的荒野才是“原始的”、“自然的”。这种观念其实又是一种形而上的二分法，反映着人与自然界的二元对立，而这恰恰是违反整体主义的认识。《荒野法案》确实在对荒野的定义中认为人类只是旁观者的角色而非永久定居者，“我们虽然没有居住在荒野之中。但是它仍然是可以被我们称之为家园的地方。对我们很多人而言。荒野终究是我们生活世界中的一个完整部分。为了保持荒野不受人类影响和控制的特性，作为社会存在的人类群体没有把自己的家园建立在荒野之中。但是，这并不否认荒野就不应该得到人类的保护。人类也并不能远离荒野，只是他们不能够在荒野中建立

〔1〕［美］斯科特·福瑞斯克斯：“扭曲框架下一段荒野思想的演进史——评《荒野论争热潮的新进展》”，郭辉译，载《南京林业大学学报（人文社会科学版）》2010 年第 4 期。

自己的家园而已。"[1]《荒野法案》没有坚持那种将人类活动的印迹与荒野绝对隔离开来的做法，荒野是主要由自然力支配的区域，但是那里不能完全排除人类活动的影响，关键在于这种影响要被降到最低程度。"荒野批判者们曾经指出的，纯粹荒野的定义实际上是神秘不可理解的。但是幸运的是，荒野这个词的定义并不是单纯的只是建立在纯粹性的基础上的。荒野必须是一个特定大小的区域。有一定的自然化程度，并且能够为某些特定'原始'的休闲活动提供场所。它不需要是原始的，人类的活动不可能缺席任何场所；它只是不能控制自然罢了。"[2]

第二个争议与荒野的"原始性"有关。第三世界国家的学者大力指责美国的荒野观念是一种带有种族主义倾向的理论。因为在西方白人的眼光中，只见荒野而不见人。为了使得前者得到精神和文化上的满足，为保持"纯粹"的原始与野性，需要那些世代居住于此的人无条件付出代价，他们被迫搬迁出去，或者改变生活方式，对荒野的保护事实上倒是体现了白人对穷人和有色人种在等级制下的不平等关系。对于那些从欧洲前来的清教徒殖民者而言，北美大陆是一片所谓的"自然的"、"原始的"荒野，那些早已定居于此的土著人民和他们的生活都被自动忽略了。历史上，对于联邦政府

---

〔1〕［美］斯科特·福瑞斯克斯："扭曲框架下一段荒野思想的演进史——评《荒野论争热潮的新进展》"，郭辉译，载《南京林业大学学报（人文社会科学版）》2010 年第 4 期。

〔2〕［美］斯科特·福瑞斯克斯："原始荒野的双重神秘性：非情境性语言对荒野法案的误读"，孙越译，载《南京林业大学学报（人文社会科学版）》2010 年第 4 期。

而言，印第安人的存在破坏了荒野的“神秘性”和“原始性”，只有把他们驱赶出去，才能保持荒野的原始特性。黄石公园所在的区域原本是印第安人的居住地，但为了实现对荒野的保护，印第安人被迫从那里迁出，于是，同样的模式被不断复制：白人社会不断驱赶印第安人并在原先属于他们的土地上建立自己的住宅，开垦农田和牧场，而最后可以划出特定的区域作为荒野保护，不但客观上有利于自然界保持免受人力打搅的状态，在文化意义上还可以实现美学上的价值以及“能够保存一些神秘的天命赋予这片土地的道德宗教合法性”。〔1〕美国早期的荒野通过人为构建而使之保持了“原始”与“神秘”，其背后却是以印第安人为代表的土著居民的流离失所。在早期白人社会的视野中，北美大陆中印第安人的印迹被抹去了，这也意味着荒野所谓的“原始性”并不存在。抽象的“荒野观”在思想渊源上“与费尔巴哈人本学唯物主义的抽象自然观在内容、本质和论证手法上都是一致的，都是见物不见人的自在自然观”。〔2〕

总之，纯粹的荒野观使得人类对荒野采取了一种极端的、完全排斥人的存在的保护方式。这既不符合历史，也难以自圆其说。尤其是，照搬美国主流的荒野保护思想及其制度在第三世界国家肯定会导致极大困难。人们要问的是，那些世代居住于所谓荒野中的人怎么办？今天的世界已经找不到没

---

〔1〕［美］斯科特·福瑞斯克斯：“原始荒野的双重神秘性：非情境性语言对荒野法案的误读”，孙越译，载《南京林业大学学报（人文社会科学版）》2010 年第 4 期。

〔2〕孙道进：“荒野自然观：人学空场的费尔巴哈自然观”，载《科学技术与辩证法》2005 年第 4 期。

有人类活动印迹的土地，即使是人烟稀少的地域，也受到气候变化的影响，而这个因素可能是导致物种灭绝的最大原因，我们很难弄清楚谁导致的气候变化致使某些野生动物灭绝，可为何偏偏是第三世界的穷人要为此付出代价？我们不能把对荒野的保护与人割裂开来，必须具体情况具体对待。

第三节　野生动物栖息地分类体系的法律完善

一、中国自然保护立法概况

从中国目前的情况来看，已经初步形成了有关自然保护的各层次的法规体系。《宪法》作为根本大法，确立了保护和改善生活环境与生态环境、保障自然资源的合理利用、保护珍贵的动物和植物、保护名胜古迹等原则；《环境保护法》作为环保领域的基本法律，其中许多内容涉及自然资源保护的要求和自然保护区的污染防治问题，成为自然生态与资源保护之单项立法的重要依据；1994 年国务院颁布的《自然保护区条例》是规范我国自然保护区最直接最重要的专门法规，确定了自然保护区建设和管理的基本法律制度；依据《自然保护区条例》，各类自然保护区的主管及相关职能部门陆续制定了一些规章，如《海洋自然保护区管理办法》（国家海洋局，1995）、《地质遗迹保护管理规定》（地质矿产部，1995）、《水生动植物自然保护区管理办法》（农业部，1997）、《自然保护区土地管理办法》（国家土地管理局、国家环保局，1995）等；不少省（市、区）亦制定有相应的针对国家级、省级自然保护区或其他重要自然保护实体的管理办法或实施条例。另外，与自然保护区管理相关的其他法律法规，包括《森林法》、《草原法》、《野生植物保护条例》、《水产资源繁殖保护条例》、《风景名胜区条例》等，均有涉及自然资源（保护区）的某些规定；《中国湿地保护行动计划》、《中国生物多样性保护行动计划》、《中国自然保护区发展规划纲要（1996～2010）》、《全国野生动植物保护及自然保护区建设工程总体规划》等非法规性的政策文件也为自然保护区的建设与管理提供了指导性依据。[1] 然而，这些法律法规层次繁多，效力不一，条文粗陋凌乱，甚至互相矛盾。“反映在自然保护区的法律制度上，表现为保护区法律制度的各组成部分、各环节缺少协调性，一些有关法规之间相互协调性差，甚至有时候互相冲突；主要的自然保护区法律法规在法律体系中的效力的层级还比较低，与自然保护区保护工作的重要地位不相符；对自然保护区的管理和建设方面还存在法律空白，规定不够全面，立法上存在漏洞，同时，法律的规定缺乏可操作性，给保护区的管理、监督和执法工作带来一定的难度。”[2] 中国法律法规存在缺陷的根本原因在于，完全忽视土地伦理的指引，无论是自然保护区的设立目的还是管理方法，都只看到土地的工具价值，忽视了其内在价值，同时也忽略了土地与当地社区居民长期以来在互动中形成的

---

〔1〕 王权典：“再论自然保护区立法基本问题——兼评《自然保护地法》与《自然保护区域法》之草案稿”，载《中州学刊》2007 年第 3 期。

〔2〕 王曦、曲云鹏：“简析我国自然保护区立法之不足与完善对策”，载《学术交流》2005 年第 9 期。

历史文化传统。

二、中国自然保护立法的不足

（一）现有分类体系的不足

薛达元、蒋明康和王献溥三位先生于1993年起草的《自然保护区类型与级别划分原则》被采纳为国家标准（GB/T14529－1993）并沿用至今，该标准根据自然保护区的特征把自然保护区划分为三种类别九个类型。《自然保护区条例》第2条规定，自然保护区是指“对有代表性的自然生态系统、珍稀濒危野生动植物物种的天然集中分布区、有特殊意义的自然遗迹等保护对象所在的陆地、陆地水体或者海域，依法划出一定面积予以特殊保护和管理的区域”。第一种类别是生态系统类别，即为了保存保护某一特定的生态系统而建立的自然保护区。这类区域是具有代表性、典型性与完整性的生物群落和非生物环境共同组成的生态系统，其又划分为五种具体类型，即森林生态系统类型、草原与草甸生态系统类型、荒漠生态系统类型、内陆湿地和水域生态系统类型、海洋和海岸生态系统类型；第二种类别是野生生物类型自然保护区，即为了保存保护某一特定野生动物和植物物种而建立的自然保护区，其又划分为野生动物类型和野生植物类型两个类型；第三种类别是自然遗迹类别，即为了保存保护某一特定的自然历史遗迹而建立的自然保护区，其又划分为地质遗迹和古生物遗迹两个类型。在管理体制上，中国的自然保护区分属环保、林业、农业、海洋、国土、城建、水利等多个不同部门管理。《自然保护区条例》第8条确定了这一体制：国家对自然保护区实行综合管理与分部门管理相结合的管理体制。由此可见，中国的自然保护区主要是按照自然资源自身的特点和管理方式来分类的。然而，依照罗尔斯顿关于荒野价值的阐述，正确的做法是从整体主义角度出发，明确自然保护区设立的首要目的是维护和保护生态环境的完整性，而不是仅仅把土地作为经济开发的资源储备地。就野生动物保护而言，法律通过建立和维护自然保护区保护其栖息地的目的在于尽最大努力排除人为因素对自然进化进程的干扰，以维持生物多样性，实现生态平衡。而要做到这一点，拒绝承认土地伦理，拒绝承认非人类存在物的内在价值或固有价值，从根本来看是不可能的。从整体主义出发实现对野生动物物种栖息地的保护，必然要求法律采取综合立法。"从立法理念和内容上看，综合立法充分尊重自然保护地结构和功能的完整性，是自然与文化的双重保护法。"[1] 需要指出的是，野生动物物种栖息地的保护只是对某些特定的野生动物物种予以保护的形式，并不是说其他类型的自然保护区就没有保护野生动物物种的法律义务。实际上，整个自然保护区立法都应当程度不等地实现这一目标。笔者认为，中国需要统一立法，制定一部《自然保护区（地）法》作为自然保护区的基本法，从维护生态系统的完整性出发，规定自然保护区的设立目的、基本原则和管理目标，并借鉴世界自然保护联盟（International Union for Conservation of Nature，IUCN）的分类体系，结合中国国情，建立自己的分类体系。对于每种类型的自然保护区，可以再制定相应的单行立法，

〔1〕 徐本鑫："我国自然保护地综合性框架立法模式论析"，载《内蒙古社会科学（汉文版）》2010年第6期。

具体情况具体处理。立法应当“根据每个自然保护区的特点，依照总的原则，分别制定各个保护区的实施条例或具有法律效力的保护区管理规划，使自然保护区管理有法可依。国家级保护区应由全国人大制定各个保护区的实施条例或具有法律效力的保护区管理规划；地方保护区的法规由相应级别的人大制定”[1]。

（二）现有自然保护区管理体系

中国对于野生动物物种栖息地应当建立一套国家层面的管理、检测、交流系统确有必要，因为野生动物的栖息地不可能将其活动的全部区域包括进来，对于那些要随季节迁徙的野生动物而言，一个能够互相沟通和协作的保护网络所起到的作用就不是单个孤立的栖息地所能替代的。但中国法律由于不是根据整体主义来保护野生动物栖息地，而是把野生动物当作可持续利用的资源来对待，因而在管理体制上呈现出多个部门在其权限范围内各行其是和条块分割的态势。法律的选择可以是在未来的自然保护区统一立法中建立统一的管理部门，例如在国务院行政部门下设立直属的自然保护区管理局，统一负责国家级自然保护区的管护工作，地方政府相应地成立地方自然保护区管理机构，其法律地位是国务院自然保护区管理机构的派出机构，主要管理地方的自然保护区。如果难度太大，就不妨借鉴欧盟的做法，建立一套严格的协作机制，协调各省区的野生动物栖息地的保护工作，建立生态廊道等保护网络，明确各地的权利义务及法律责任，

〔1〕欧阳志云、王效科、苗鸿等：“我国自然保护区管理体制所面临的问题与对策探讨”，载《科技导报》2002 年第 1 期。

法律尤其要规定统一的管理和保护标准。

在自然保护区管理体制上，需要加强统一管理，这方面欧盟的做法对中国很有借鉴意义。Natura 2000 是欧盟最大的环保行动，是欧盟履行《生物多样性公约》中“社区义务”的一部分。该项目在欧洲建立了生态廊道并开展区域合作，目前 27 个欧盟成员国总面积的 17% 被纳入该保护网络，超过 1000 种动植物和 200 多个栖息地类型受到保护。值得注意的是，Natura 2000 可以将生物多样性保护的目标与欧盟的农林产业与区域开发政策结合起来发挥作用。Natura 2000 的保护区由特别保护区（SAC）和特殊保护地（SPAs）组成，前者是欧盟 1992 年《栖息地指令》（EEC/92/43）中经由成员国一同认定的保护区，共计 18 000 个保护物种的保护区；后者则是 1979 年《鸟类指令》（EEC/79/409）中认定的保护区域，共计 4000 多个保护地。对于能够符合 Natura 2000 保护目标的非欧盟国家，欧盟将会与其共同制定保护栖息地的通用办法。在执行上，欧盟为各个成员国制定了统一的行动标准，并同成员国和利益相关方一起编制管理手册，同时，各成员国也要出台自己的具体管理法规和指导性文件，明确自己的保护义务与措施，并接受欧盟的严格监督，保护不力或不履行法律义务，欧盟将对其予以严厉制裁。[1]

（三）世界保护地分类标准对中国的启示

我们确实应当努力保持荒野的野性，但这种保护必须考虑到人的因素，不能不加区分地绝对排斥人的活动，人地关

〔1〕张风春、朱留财、彭宁：“欧盟 Natura 2000：自然保护区的典范”，载《环境保护》2011 年第 6 期。

系在世界各地都存在差异，无视历史和现实的做法是武断的。

如前所述，世界上对于荒野的保护最早是以国家公园的形式出现的，1969年新德里召开的IUCN第十届大会上，正式决定以“国家公园”定义保护区。国际上对于保护地的保护根据保护对象、保护性质、管理方式等需要而予以不同的分类。IUCN、联合国环境规划署（UNEP）和联合国教科文组织（UNESCO）（1980）共同收集了国际上常用的保护地名称，常见的有42种。[1] 为了便于使用，IUCN对于复杂的分类体系进行了规范化处理，提出了“保护地”（Protected Area）的概念，即“通过法律及其他有效方式，特别用以保护和维持生物多样性、自然及文化资源的陆地或海洋区域”。目前，世界上各种保护地已经有十万多个，为了便于进行管理与信息交流，IUCN1994年出版的《保护区管理类型指南》，列举了设定保护地所要实现的九大目标，即科学研究、荒地保护、物种和遗传多样性的保护、环境设施的维护、独特的自然和人文景观的保护、旅游和重建、教育、自然生态系统中资源的可持续利用以及文化和传统习俗的保护。同一块保护地可能同时需要兼顾几个不同的目标，根据其要实现的首要目标，IUCN把保护地分为六大类别：第一类是严格的自然保护区/荒野地保护区（Strict Nature Reserve/Wildness Area），其目的是为了科学研究和荒野保护，其下又可以划分为严格的自然保护区和严格的荒野地保护区两个子类；第二类是国家公园（National Park），其目的是保护特定的生态系

---

〔1〕 国家林业局野生动植物保护司、国家林业局政策法规司编：《中国自然保护区立法研究》，中国林业出版社2007年版，第48~49页。

统和提供游憩场所，前者要保护其完整性，后者只能用于科教和适应环境的文化娱乐活动，禁止与保护目的不符的开发利用行为；第三类是自然遗迹保护地（Nature Monument），其目的是为了保护某种特殊的自然特征，如某些具有重大自然和文化特色的地区；第四类是物种或栖息地保护地（Habitual/Species Management Area），其目的在于通过人力干预来管理特定的栖息地，从而保护野生动植物物种；第五类是陆地和海洋景观保护地（Protected Landscape/Seascape），其目的是保护特定的具有重要景观价值的陆地和海洋，这些区域由于人类与自然的互动形成了具有独特美学价值的景观并具有较为丰富的生物多样性；第六类是资源管理保护地（Managed Resources），其目的是实现对自然资源的可持续利用。总的来看，这六大类别中，以物种/栖息地管理区所占比例最大，达到了保护地三成以上的比例。IUCN 对于保护地术语的规范化处理，确实便于各国的管理与交流，但其同时也强调，这套分类体系并不具有规定性，并不一定适用于所有的国家和地区，因而需要予以灵活解释和运用，供各国作为参照。

IUCN 的分类体系为各国根据自己的具体情况进一步进行解释和分类提供了一个初始标准，因而得到了广泛的应用。据此，美国将保护地划分为四类，即森林公园体系、国家野生生物避难所体系、荒野保持体系和国家海洋自然保护体系；保护地的管理目标是自然遗产的保护。德国保护地的管理目标是达到自然平衡功效与作用，保护自然资源的可再生能力和可持续利用，保护动植物，包括它们的单元分布和生境；保护自然和景观的多样性、独特性和美及其娱乐价值。保加利亚保护地管理目标包括：保护保护地的自然特征，实现保护地具有的科学、教育价值，保护遗传资源，实现稀有、特有和遗留物种的种群和自然生境的保护，以及保护代表性生态系统或受威胁的生境网络的发展。与此相适应，南非的保护地类型包括严格自然保护区、国家公园、天然纪念物、自然资源保护区、自然公园和受保护地点六种。南非保护地管理目标包括：建立、保存和研究野生动物、海洋和植物，以及实现保护地具有的地质学的、考古学的、历史学的、民族的、海洋学的、教育的和其他科学上的重要价值。[1] 尼泊尔、印度尼西亚、菲律宾等国也以国家公园为主；赞比亚和坦桑尼亚以国家野生动物公园为主且数量不多。[2] 截至2002年底，泰国共有81个陆地国家公园，21个海洋公园，55个野生动物栖息地保护区和55个禁猎区，但是泰国的多数保护地面积都小于1000平方公里，一半以上小于400平方公里，狭小的保护地难以保护物种的持续发展，脊椎动物受到的影响很大，同时，泰国在野生动物栖息地内开展旅游业，而泰国民众对于旅游的舒适度要求较高，保护区内修建了许多的基础设施。[3] 总的来看，发展中国家由于面临巨大的经济发展和人口增长压力，相比发达国家而言，更看重对于自然资源的开发利用，尤其是旅游业的发展。

---

〔1〕 周珂、侯佳儒："中国自然保护区分类体系的立法完善"，载《首都师范大学学报（社会科学版）》2007年第2期。

〔2〕 国家林业局野生动植物保护司、国家林业局政策法规司编：《中国自然保护区立法研究》，中国林业出版社2007年版，第56页。

〔3〕 杨建美："泰国保护地管理现状评介"，载《思茅师范高等专科学校学报》2011年第3期。

三、中国自然保护区分类体系的完善

中国的自然保护区分类标准已经越来越不能适应现实生活的发展。很多自然保护区地貌复杂，要么可以同时归类于多个管理部门，要么难以划入任何一个部门的管理范围。《自然保护区条例》第 18 条规定，自然保护区划分为核心区、缓冲区和实验区，其中，核心区禁止任何单位和个人进入，原则上也不允许进入从事科研活动；缓冲区位于核心区的外围，只准许进入从事科研活动；实验区位于缓冲区的外围，限于从事科研教学、参观旅游以及驯养繁殖野生动植物物种的活动。显然，中国法律对于自然保护区不加区分地采用了严格且单一的分类及管理方式。这种做法忽视了各个自然保护区的具体特征，对具体的管理目标作出要求，难以进行有针对性的管理。尤其是中国的自然保护区在申报时普遍存在不规范的地方，对于建立宗旨和目的表述得十分含混抽象。政府既没有对本地野生动物物种做过详细科学的调查，也缺乏对所要保护区域今后的管理和发展方向的长远规划，就匆匆立项，先行制定各种规章制度，甚至连管理法规也不制定，事实上，中国很多地方政府积极申报建立自然保护区的首要动机是争取资金而不是自然保护。这必然导致自然保护区建立后管理上的混乱状况。另一方面，由于中国的法律普遍规定自然资源归国家所有，并且实践上也把建立自然保护区当作保存及保护某种自然资源已达致可持续利用的方法，因而规定严格将人与自然界隔离开来的管理制度也就不足为怪了。这其中也有笃信排除一切人为因素才是保护自然界的唯一手段的思维，与前述“纯粹的”荒野观不谋而合。然而，这种单一僵化的管理制度已经导致了很多矛盾。“在土地利用率极高，生产高度发达的东部地区，这么做是符合实际的，但对于广大西部地区而言未免武断。我国大量的保护区都建立在西部，而且与民族地区地理位置重合。这里地广人稀，当地的少数民族长期以来形成了与其生活环境的紧密联系，现在的法规严格限制和禁止他们合理利用当地的自然资源，并事实上禁止了传统的狩猎活动，这种隔绝居民与当地自然环境的历史联系的思路，完全没有考虑到西部的实际情况。”〔1〕

（一）自然保护区的分类体系

对于第一个问题，笔者认为中国需要借鉴 IUCN 的分类。在 IUCN 的分类系统中，不同类型的保护区，其保护对象是可以相同的。“保护区分类系统强调的是保护区的管理，因为管理决定了保护区的发展方向，可以依据管理目标有针对性地强化保护的政策和措施。同时，IUCN 分类系统参照保护区管理目标的不同配置和优先次序进行分类，这样可以在国家层面上确定优先发展和支持的保护区，使得国家可以集中有限的财力物力来扶持重点保护区的建设。仅仅依据保护对象的重要程度来确定国家和地方的支持重点，而不考虑保护区的管理目标和发展方向是不可能从根本上解决问题的。”〔2〕根据 IUCN 保护地的概念，我国的自然保护区还应包括风景

〔1〕 林森：“野生动植物保护与自然保护区建设法制研究”，载《法制与社会》2011 年第 14 期。

〔2〕 王智、蒋明康、朱广庆等：“IUCN 保护区分类系统与中国自然保护区分类标准的比较”，载《农村生态环境》2004 年第 2 期。

名胜区、森林公园、地质公园、海洋特别保护区、生态功能保护区以及部分重点文物保护单位等。其中，风景名胜区类似于IUCN保护区分类系统中的类型Ⅱ国家公园、类型Ⅲ自然纪念物保护区及类型Ⅴ陆地和海洋景观保护区，而地质公园类似于类型Ⅲ自然纪念物保护区，生态功能保护区类似于类型Ⅵ资源管理保护区，但这些区域已经有专门法律予以调整，《自然保护区条例》对其无约束力。[1] 要么今后修法时制定统一的自然保护区（地）法，要么维持现行法律体系不变，仅仅在《自然保护区条例》的范围内适用新的分类标准。按照后一种思路，学者们建议可以将自然保护区划分为Ⅰa严格自然保护区（对应IUCN中的严格保护区）、Ⅰb荒野地自然保护区（对应IUCN中的荒野地保护区）、Ⅱ国家公园（对应IUCN中的国家公园）、Ⅲ自然遗迹自然保护区（对应IUCN中的自然纪念物保护区）、Ⅳ野生生物物种自然保护区（对应IUCN中的生境和物种管理保护区）、Ⅴ自然生态系统自然保护区（对应IUCN中的陆地和海洋景观保护区）、Ⅵ资源管理自然保护区（对应IUCN中的资源管理保护区）。其中，类型Ⅳ野生生物物种自然保护区要具备四项划分条件：一是该区域在保护自然和物种生存方面起着重要的作用；二是该区域是国家或地方重要保护的生物物种的主要栖息地；三是该区域的物种和生境保护依赖于管理部门的积极干预，需要时可进行生境改造；四是自然保护区面积能够满足物种生存的需要。类型Ⅳ野生生物物种自然保护区应达到四项管

〔1〕 蒋明康、王智、朱广庆等："基于IUCN保护区分类系统的中国自然保护区分类标准研究"，载《农村生态环境》2004年第2期。

理目标：一是保证和维护主要保护物种、生物群落及生境的自然特点所需的生境条件；二是将科研和环境监测作为与资源持续管理相结合的主要活动；三是开辟有限的区域作为对有关生境的特征和野生生物管理成果的展示与教育；四是禁止和防止与该区域目的不符的开发活动。[1] 根据 IUCN2008 年版的分类指引，分类原则为：级别应该基于保护地区的初级管理目的；管理目标应该至少涵盖该保护区的 3/4；保护区可以出现属于其他分类的区域；监理或者管理的责任可能由中央、地区或当地政府承担（包括当地社区、原住民、政府组织和私人机构）；土地所有权可以是公有、私有或集体所有；可以出现多重分类，或者包含一定的人类活动/环境改变。[2]

（二）分区管理制度的完善

确立了自然保护区的分类体系之后，还要根据实际情况选择适用合理的分区管理制度。中国法律目前采纳的是由 20 世纪 70 年代联合国教科文组织提出的生物圈保护区的三分区模式，这是一种三圈同心圆的保护模式。这种模式普遍适用于以自然保护为唯一或首要目的的保护区、人与生物圈保护区等保护地。因此，核心区所占比例很高，一般至少在 50% 以上。缓冲区一方面可以降低外界环境对核心区的影响，另一方面又起到补充核心区栖息地的作用。最外层的实验区面

---

〔1〕 蒋明康、王智、朱广庆等："基于 IUCN 保护区分类系统的中国自然保护区分类标准研究"，载《农村生态环境》2004 年第 2 期。

〔2〕 世界自然保护联盟："《保护区管理分类系统》的全球应用"，载《世界环境》2010 年第 3 期。

积最小，实际上是社区居民的生活区，但其生产和生活受到保护目标的限制，严禁污染性产业的存在。加拿大和美国没有照搬同心圆模式。加拿大的国家公园分为严格保护区、重要保护区、限制性利用区和利用区四种类型，这种模式既有严格限制公众进入的区域，但也考虑到了公众享有休闲旅游和接受环境教育的需要。对于严格保护区严禁进入，非机动交通工具必须在严格管控下才可进入；重要保护区是荒野保护区，允许非机动交通工具的进入以及少量分散的体验性活动；限制性利用区则相应地继续放宽人类活动，允许少量机动车辆的进入以及低密度的休憩活动；利用区则再细分为户外娱乐区和公园服务区，这里是户外游憩体验的区域，允许机动交通工具的进入和为游客提供服务的设施的存在。美国的国家公园则划分为原始自然保护区、特殊自然保护区/文化遗址区、公园发展区和特别使用区。其中，原始自然保护区与严格保护区对应，不允许开发，不允许进入；特殊自然保护区/文化遗址区则与重要保护区和限制性利用区对应，允许少量公众进入，允许自行车道、步行道和露营地存在；公园发展区提供游憩设施和服务，而特别使用区是单独开辟出来供采矿或伐木使用的区域。加拿大和美国的模式同时兼顾了多重目标，在保护自然环境的同时也考虑到了人类的需要。而以日本和韩国为代表的国家面积较小，人口密度很高，所以难以设立加拿大和美国那样广阔的国家公园，转而以风景美学价值为首要标准，其设立国家公园的目的是为了供公众永续享受和接受教育，因而，两国的国家公园没有明确规定严禁进入的区域，内部的具体分区区域面积也没有较大差异。[1] 中国在国土面积上与加拿大和美国相似，但很多地区人口密度又与日韩两国相似，因而，在自然保护区的内部分区上需要细致地划分。但是，中国现行法律没有规定内部各个区域的设立原则和设立目的，也没有考虑到分区对社区居民生活生产的影响，单一僵化的同心圆模式越来越不能适应现实需要。事实上，同心圆模式的适用范围是有限的，只适用于高度重要和敏感的生态环境，尤其是荒野区，那里人口密度也较低，能够实现对生态环境的严格保护，但对于人口稠密和人文景观资源丰富的地区，就过于苛刻了。综上，中国法律需要改变单一的自然保护区分类及分区制度。

中国法律单一的自然保护区划分标准导致大部分的自然保护区都属于 IUCN 中第 I 类自然保护区，受到严格的保护。蒋志刚先生按照自然保护区的地理景观把保护区划分为森林、草原、荒漠、湿地和其他（包括地质面、地质遗迹、海岛等）五大类，截至 2002 年底，前四类总面积占到全国自然保护区面积的 99%，占全部国土面积的 15% 左右。这一比例之高不但超过了绝大多数不发达国家，也超过了发达国家。蒋志刚先生考察了财政、人口、保护对象和土地类型等因素后认为，中国严格意义上的自然保护区不宜超过国土面积的 10.5%。[2] IUCN 并不赞同不加区分地为了生态保护而移民，

---

〔1〕 黄丽玲、朱强、陈田："国外自然保护地分区模式比较及启示"，载《旅游学刊》2007 年第 3 期。

〔2〕 蒋志刚："论中国自然保护区的面积上限"，载《生态学报》2005 年第 5 期。

事实上，当今地球上完全不受人类影响的地域几乎是不存在的，即使是没有人类永久居住的南极，其上空臭氧层由于工业污染而导致的破坏也不是最近的事情了。法律要做的事情是引导人类与自然界和谐共处，而不是坚持先验的荒野观念将社区居民驱逐出去。在中国，接近纯粹的荒野保护区或严格的自然保护区多在西部人烟稀少的地区，很大程度上维持现状即可，确实需要将人为因素的影响降至最低也并不困难，法律真正要做的事情是正确处理其他类型自然保护区的保护问题。其他类型的自然保护区不排斥人类的活动，事实上这种类型的保护区才应当占据中国自然保护区的主体。就立法而言，法律需要对自然保护区划分所需要考虑的因素作出明确规定，抑制地方政府不科学的规划论证把建立自然保护区当作争取经费和资源开发的冲动。

第四节 野生动物栖息地土地权属的法律完善

一、土地权属现状

野生动物保护在中国主要是依托对其栖息地的保护来实现的，法律通过建立自然保护区保护栖息地。根据环保部2009年《中国环境状况公报》，除港、澳、台地区，中国已建立各种类型和级别的自然保护区2541个，总面积约14 700万公顷。自然保护区的管理其实主要是对保护区内土地和水域的管理，然而，中国多数自然保护区都存在严重的土地权属问题。

截至2003年底，林业系统的1538个自然保护区中，只有284个获得了全部土地的使用权，占全部保护区面积的18.5%；212个获得了部分土地的使用权，占全部保护区面积的13.8%；16个完全没有获得土地使用权，还有相当一部分没有土地权属方面的资料。而在具有土地权属资料的1233个保护区中，有290个全部为国有土地，获得了使用权证（包括林权证）的比例较高，243个获得全部或部分使用权。115个全部为集体土地的自然保护区中，只有22个获得了全部或部分使用权，约占19.1%。总体来看，我国80%以上的自然保护区存在着土地权属问题的困扰。[1] 这些自然保护区多是在经济发展危及生态系统稳定和野生动植物物种濒临灭绝的情况下，通过行政机关紧急划定保护区域而建立起来的，是一种抢救式保护的产物。自然保护区的设立和管理必然与已有的土地权属和土地使用现状产生严重冲突。通过完善立法解决这一问题，已经刻不容缓。

自然保护区的管理机构要在没有土地权利的基础上实行管理，而其管理职能的行使必然与已有的土地权属和土地使用现状产生严重冲突，主要表现为以下四种情况：一是权属明确与变更。保护区土地权属清楚，但同时存在国有、集体乃至农户自留地（山）和责任地（山），保护区的建立打破了原有集体林地和自留山的部分权属关系，剥夺了集体和个人原有的土地权利，如果补偿不到位就会引发冲突。二是权属当初就不明确。自然保护区建立前，该区域的土地权属就

---

〔1〕 国家林业局野生动植物保护司、国家林业局政策法规司编：《中国自然保护区立法研究》，中国林业出版社2007年版，第197页。

不清楚，保护区建立后把土地和林地等都确定为国有，剥夺了社区群众对自然资源的利用从而引发冲突。三是权属明确，但使用权变更或管理权未明确。保护区内的林地属于国有，但存在实际管理面积大于法律认可面积的现象，同时还可能剥夺原有的对保护区内部分资源的隐性权属（如风土文化传承或风俗习惯等），从而引发社区群众的不满。四是权属明确，但边界不稳，缺少永久性界桩和标牌，功能区不够完善。[1] 这主要是行政机关执法和管理上的疏漏造成的。

二、土地权属立法的不足

（一）立法没有对土地权属问题作出规定

《土地管理法》第 2 条规定我国实行土地公有制，其包括国家所有权和集体所有权。土地使用权是土地所有权的一种派生权利，土地承包经营权是我国最为典型的土地使用权。《土地承包法》第 4 条规定，国家依法保护农村土地承包关系的长期稳定，在土地承包之后，土地的所有权性质不变。《土地承包法》第 25、26 条规定，在承包期内，发包方不得收回承包地。这两部法律都没有对自然保护区的土地权属作出规定。

我国综合性自然保护区立法只有一部国务院颁布的《自然保护区条例》，该法同样没有规定土地权属问题。《自然保护区土地管理办法》第 7 条规定，依法确定的土地所有权和使用权，不因自然保护区的划定而改变。第 8 条规定，自然

〔1〕 周莉："土地权属改革与自然保护区有效保护"，载《新远见》2007 年第 9 期。

保护区内的土地纠纷，应依照《土地管理法》的规定办理。由于《自然保护区条例》和《自然保护区土地管理办法》不是全国人大及其常委会颁布的法律，效力层次低，不能超出土地基本法的规定，也无法与之衔接。

（二）自然保护区土地划界的规定混乱

1. 缺乏统一的自然保护区基本法，导致划界政出多门

我国实行自然资源分属不同部门管理的体制，分别制定了《森林法》、《野生动物保护法》、《草原法》、《渔业法》等法规。这些法规大多规定主管部门可以根据需要建立相应的自然资源保护区。例如，《野生植物保护条例》第 11 条规定可以建立重点保护野生植物物种保护区。《草原法》第 43 条规定，除了草原保护区以外，还可以建立珍稀濒危野生动植物保护区。《野生药材资源保护管理条例》第 11 条规定可以建立野生药材资源保护区。这种做法忽视了生态系统的属性，导致被保护区域存在互相交叉乃至雷同之处，使得土地权属问题更加复杂。

2. 没有明确建立保护区的法律程序和基本原则

我国地方政府对于申报建立自然保护区除了生态保护的需要外，很大程度上还出于争取财政经费的考虑，因而存在贪大求全的倾向。例如，青海省在没有任何预告和科学论证的情况下就宣布把三江源区划定为自然保护区，其最初面积高达 31.8 万平方公里，其中被包括进去的乡镇城市总人口达到 50 多万人。自然保护区管理学认为，自然保护区要实现生态保护的目标，至少要有 50% 的土地需要严格限制人类活动，我国《自然保护区条例》以此为依据要求作为自然保护区土地主体的核心区严禁一切生产生活活动。若严格执行法

律规定，势必要求青海迅速解决几十万人口的移民安置工作，这显然是不可能的事情。在新疆，野骆驼是重点保护的野生动物，然而其栖息地内却存在采矿活动，这违背了《自然保护区条例》的规定，对此，新疆生态学会理事长、国际野骆驼保护基金会顾问袁国映研究员认为一个很重要的原因是野骆驼国家级自然保护区面积太大，不让搞矿产开发并不现实。〔1〕

目前，中国自然保护区占全部国土面积比例之高不但超过了绝大多数不发达国家，也超过了发达国家。这既无科学依据，也无必要。由于中国法律对于申报和规划自然保护区的法律程序缺乏明确规定，导致行政机关滥用权力〔2〕，立项时既不尊重生态规律，又严重忽视社区群众的福祉，为今后的土地权属混乱及冲突埋下了隐患。

（三）行政机关执法不力

《自然保护区条例》第14条规定，政府应当确定保护区的范围和界线，并标明区界予以公告。然而，国家级和省级自然保护区批准文件或申报文件中的范围和界线很少进行明确的公告和勘界立标，很多地市级和县级的自然保护区在批建时都未确定范围，这导致随意变更自然保护区界线的问题

---

〔1〕“罗布泊500头野骆驼亟待保护，珍贵堪比大熊猫”，载 http：//news.ifeng.com/mainland/detail_2010_11/10/3056477_0.shtml，最后访问日期：2015年3月18日。

〔2〕事实上，之所以会出现这样的局面，主要是因为地方政府亟须争取上级政府的大量拨款，土地面积越大，拨款就越多。所以不难理解，为何中国西部地区的自然保护区面积会划定得如此之大。

在一些地区时有发生。[1] 然而，法律对于行政机关执法不力却没有规定相应的法律责任。

（四）立法实行单一的自然保护区分类分区制度，没有兼顾社区居民的利益

中国根据《自然保护区类型与级别划分原则》（GB/T14529－1993）确立的标准将自然保护区划分为生态系统、野生生物和自然遗迹三大类别。生态系统类别下还可以再划分为森林生态系统类型、草原与草甸生态系统类型、荒漠生态系统类型、内陆湿地和水域生态系统类型、海洋和海岸生态系统类型；野生生物类型又划分为野生动物类型和野生植物类型；自然遗迹类型又划分为地质遗迹类型和古生物遗迹类型。然而，法律对于不同类型的自然保护区却不加区分实行单一的管理制度，一律设置核心区、缓冲区和实验区来管理土地，一味地禁止社区群众利用自然资源，没有充分考虑到生态系统的属性，忽视了不同地区和社会环境下人与自然的复杂关系。

根据《自然保护区条例》第5、14条的规定，建设和管理保护区应当处理好与当地经济建设和居民生产生活的关系，保护区的范围和界线应当兼顾当地经济建设和居民生产生活的需要。但这两条规定失之抽象，无法操作：一方面，《自然保护区条例》第18条规定，自然保护区的核心区禁止任何单位和个人进入，原则上也不允许从事科研活动。核心区外围划定的缓冲区只允许进行科研活动。第26条规定，禁止

---

〔1〕 马燕："我国自然保护区立法现状及存在的问题"，载《环境保护》2006年第21期。

在自然保护区内进行砍伐、放牧、捕捞、采药等经济活动。这对社区群众的土地利用设置了严格限制。事实上，即使是核心区也常年有群众居住，不可能不顾及群众的利益。另一方面，由于自然保护区所需经费未纳入财政预算，造成管护资金严重短缺，导致保护区管理机构违背职责而开展各种营利活动，据统计，“约有40%的保护区参与林业、农业、矿业等开发，约有50%的保护区自行开展旅游经营。但是，在开展旅游经营的保护区中，有23%的自然保护区违规开放核心区接待游客，44%已经开展旅游的自然保护区还没有建立旅游管理规章。这类‘自养’经营活动不仅缺少规划，而且保护区本身既是裁判员，又是运动员，有时还充当教练员，因此，保护区对自然资源‘监守自盗’的现象非常普遍。在已开展旅游的自然保护区中，有44%的保护区存在垃圾公害，12%出现水污染，22%的自然保护区由于开展生态旅游造成保护目标劣化”[1]，这引起了社区居民的强烈不满。

三、国外关于土地权属立法的经验

（一）通过立法支持土地权属国有化，给予土地权利人合理补偿

加拿大的保护区分为国家级、省/地区级、区域级和地方级四种。其中，国家公园系统由联邦政府管理，是国家级保护区中最为重要的类型，根据《国家公园法案》的规定，其土地权属为公有。需要在某一个省的土地上建立国家公园时，

〔1〕 苏杨：“改善中国自然保护区管理的对策”，载《绿色中国》2004年第9期。

省级政府会与联邦政府之间通过协议将土地所有权转交给后者。在联邦政府拥有全部王室土地的地区，通过政务院会议可以保护一个公园区。根据《加拿大野生动植物法案》(Canada Wildlife Act 1985)，野生动植物保护区由加拿大野生动植物保护管理局代表政府管理，土地归联邦政府所有。[1]

巴西的自然保护区可划分为整体保护区和合理利用保护区两大类。前者包括五种类型，其中，生态站、生物保护区和国家公园界限范围内的私人土地应被征收；自然的纪念性建筑和野生生命庇护所可以包括私人土地在内，但若私人活动和资源利用与保护区的宗旨发生冲突，则该区域应被征收。而后者范围内的私人土地，依照具体情况也可能被征收为国有土地。[2]

日本的自然保护区既有国有也有地方公团所有，还有一部分属于民有。由于保护区的存在可能会对私有权者造成财产利用上的不便和损失，作为救济，日本制定了私有土地的征购和税制优惠及损失补助制度。由国家或地方公共团体对被指定为自然环境保全区和自然公园的私有土地进行征购，被征购土地私有权人的让渡所得或法人税可准予2000万日元的特别扣除。如果被征购为都道府县自然公园特别地区的私有土地，并被环境厅长官认可为高度规制地的，可准予1500万日元的特别扣除。此外，对于被征购为国立、国定公园特

[1] 许学工、Paul F. J. Eagles、张茵：《加拿大的自然保护区管理》，北京大学出版社2000年版，第44～45页。

[2] 柏成寿：“巴西自然保护区立法和管理”，载《环境保护》2006年第21期。

别保护区的土地，可以减收不同程度的固定资产税。对于各都道府县因实施必要的自然环境保护而征购私有土地的所需费用，国家给予一定补助。[1]

从生态学的角度看，实行土地国有化主要适用于那些极度敏感脆弱但又具有极高生态价值的土地，这部分区域确实需要严格保护，最大限度排除人为因素的作用，而以目前的状况来看，这样的区域在我国并不是主流，因此不宜不加限制地推广。

（二）通过契约制度实现自然保护

英国的土地大部分属私人所有，1949 年的《国家公园与乡土利用法》规定了管理契约制度，即在自然保护区建立之前，管理部门应当与土地所有者或使用者就土地使用方式进行协商，并要求他们以有利于生态环境保护的方式使用土地。对于土地权利人的损失英国政府应当给予补偿。1990 年的《环境保护法》将管理契约的适用扩张至土地周边的权利人，以确保邻地权利人能按照同样的方式利用土地。我国学者将这种方式概括为购买土地保护权。“它是通过合约的形式规定土地使用者采用有利于生物多样性保护的土地利用方式，或放弃土地开发的权利。它可以是任何个人、组织或政府机构与土地所有者之间签订的合同。而这种土地保护权还可以通过捐赠等形式转让。购买土地保护权，是购买土地的部分权利，主要是放弃未来开发的机会成本。这种政策工具的优

---

〔1〕 杨素娟：“日本自然保护区管理制度评介”，载《世界环境》2002 年第 4 期。

点是灵活而且代价不会太高。”[1]

美国和加拿大的保护管理权交易制度与英国的管护契约制度相似，不同之处在于订立契约的一方并非政府，而是负有保护自然责任的保护者。契约不改变原有的土地所有权、使用权和经营权，只是购买土地上的管理权，对土地的利用方式予以合理限制。该制度主要有三种形式：一是普通保护管理权交易，即在有保护价值的土地上，自然保护组织或土地信用组织与土地权利人通过协商签订保护合同，期限既可以是永久性的，也可以是一定期限内的；二是分两步进行的保护管理权交易，即保护组织通过完全购买方式获得土地所有权，然后附加保护管理权条款后转卖或出租，新的土地权利人必须以有利于自然保护的方式利用土地；三是互给保护管理权交易，即契约双方在对方的土地上均享有保护管理权，但任何一方在自己的土地上进行某些特定活动的时候必须经过对方的同意。这种做法意在通过契约双方的互相牵制实现对不利于自然保护区的行为的制约，同时还可以有效地扩大自然保护区的面积。[2]

尽管日本法律规定可以适用土地国有化，但其国土面积狭小，人口密度很高，除了具有高度生态价值的区域外，实际上运用的并不多。日本与韩国的国家公园主要用于公众休憩和接受环境教育，因此没有明确划分出禁止公众进入的区

---

〔1〕 周建华、温亚利：“中国自然保护区土地权属管理现状及发展趋势”，载《环境保护》2006 年第 21 期。

〔2〕 魏瑞芳、李文军：“保护管理权交易：非自然保护区所有的土地管理问题之探讨——以盐城自然保护区为例”，载《资源科学》2005 年第 6 期。

域，也不排斥社区居民的活动，当然，这不等于在管理上放任自流，其主体区域的利用依然要受到一定限制。[1]

对于政府财政困难无法实行国有化，或者土地状况良好、人与自然形成了长期的良性互动，不必再强行移民的情形下，契约制度能够不改变土地权利现状通过平等协商达到生态保护的目的。根据《土地管理法》的规定，中国国有土地主要是指城市土地，而绝大多数自然保护区都建立在非国有土地上，国有化意味着必须通过征收的方式将大量集体所有的土地转化为国有并要妥善安置群众生活。可是，由于国家财政不足，导致《土地管理法》规定的补偿标准很低，若强制移民，势必会激化矛盾，从生态学看也没有必要。在我国关键是灵活运用现有法律资源，通过契约制度兼顾生态保护和社区利益。

四、解决土地权属问题的法律对策

（一）制定自然保护区基本法，做好与其他法律的衔接工作

由于政出多门，导致保护区划界混乱，因此有必要通过制定自然保护区基本法，改变《自然保护区条例》法律效力较低的局面，并以此统摄目前存在的多种类型的自然保护区，对其土地权属问题作出基本规定，防患于未然。同时，应做好与其他法律的衔接，《土地管理法》作为我国土地管理的基本法，应当对生态保护用地作出原则性规定，即自然保护

〔1〕黄丽玲、朱强、陈田：“国外自然保护地分区模式比较及启示”，载《旅游学刊》2007 年第 3 期。

区的土地权属要遵守该法的基本原则，但在土地的使用上要兼顾生态环境保护的需要。

（二）明确解决自然保护区土地权属问题的基本原则

自然保护区基本法应当明确三个基本原则：①自然保护区应当获得土地所有权或土地使用权，新建自然保护区必须在建立前解决土地权属问题。②对于经认定高度敏感和脆弱同时又极具有生态价值的土地，应当实行土地国有化严格管理。具体手段可以包括划拨、征收、征用、购买、置换、赎买等多种方式，同时必须给予土地权利人合理补偿。③对于根据第2项原则确认以外的其他类型的土地，以及因土地权属争议尚未解决但又亟待实施生态保护的土地，应当尊重已有的土地承包经营权，但土地权利人对土地的使用必须符合生态保护的需要。

（三）改革管理体制，规范土地划界中的法定程序

自然保护区基本法应当明确建立自然保护区的法律程序：①土地划定要遵循“统筹兼顾、严格保护、科学管理、合理利用、和谐发展”的基本原则，在立项规划时尊重生态规律，设立专家组给出具有约束力的专业意见，改变那种不加区分一律禁止社区居民生产生活的僵化模式。②建立自然保护区的具体方案要遵循“公正、公开”的原则，应召开听证会征求社区居民的意见，并在法定期限内向社会公布。③在具体划界时，要明确土地边界，设立清晰的界标。如需重新勘界，必须依照法律程序上报上级机关，并向社区居民公示。对于不履行职责的工作人员应当追究其行政责任。

（四）实行土地分类管理制度，解决自然保护区管理与社区居民之间的矛盾

由于土地国有化适用范围较窄，我国要解决的是在不改变土地利用现状的前提下实现生态保护的难题。我国应借鉴IUCN的分类体系，实现自然保护区分类标准从保护对象到管理目的的转变。IUCN的保护地分类体系明确了保护地的共性、独特性和差异性，明确了不同类型保护地的定义、管理目的、选择标准、组织责任，明确了保护地是在社会经济发展过程中产生，是经济建设的重要组成部分，因此能够为中国在充分保护生物多样性、自然资源及相关的文化资源的同时，为实施可持续发展战略提供支持。[1] 根据IUCN的指引性规定，我国目前的各类型自然保护区在功能与目的上可以划分为三大类型：一是需要严格保护的区域，该区域实行国有化；二是在生态保护的同时，能兼容科研、休憩、有限度开发自然资源的区域；三是主要集中于东部地区，传统上主要用于景观保护与开发的区域。在后两种类别中，可以根据各地实际情况，决定首要达到的目标，再结合其他目标，最终确定本地区生态保护所需要的具体管理方式，不必在自然保护区基本法中统一规定对社区居民生产生活的限制标准，这个可以留给地方的行政法规和实施细则来规定。

虽然中国法律没有规定管护契约制度和管理权交易制度，但是《物权法》规定了地役权制度，在制定出专门法律之前，可以通过设定地役权合同来达到保护目的。首先，对于

---

〔1〕 周珂、侯佳儒：“中国自然保护区分类体系的立法完善”，载《首都师范大学学报（社会科学版）》2007年第2期。

林地和农地，“在依法维护集体林权、落实农户的林地承包经营权的基础上，由政府和农户在平等协商的基础上依法签订林地地役权合同和森林管护协议，落实林地承包经营权人的林地林木管护责任和政府对林地承包经营权人的补偿责任。”〔1〕对事业单位取得土地使用权的区域，应当规定由其负责保护。对于其他区域，可以建立保护区，由当地政府委托有关单位和个人托管。双方应当签订林地地役权合同，通过公平协商，对土地的利用目的、期限、费用及支付方式作出规定。〔2〕其次，对于草原可以设立草原地役权合同。基于环境保护和生态公益等目的，草原权利人按照法律的规定或通过协商与国家、地方政府、公益性组织或私人主体签订地役权合同，赋予后者以草原地役权（以实现草原生态功能为内容），由草原权利人保障实现草原的生态功能，由地役权人支付报酬或履行其他义务。〔3〕这种做法通过群众对草原的一般性利用来逐步恢复当地的生态环境，实现了人与自然的和谐相处。最后，需要注意的是，野生动物尤其是具有迁徙习惯的鸟类，除了在自然保护区内活动，经常还会在紧邻保护区之外的一定区域活动，而地役权合同一般不能约束到这些土地之上，这一点在湿地方面尤为突出。为此，需要在自然保护区基本法和《土地管理法》中作出规定，对于野生动

---

〔1〕周训芳：“自然保护区集体林权制度改革探索”，载《林业资源管理》2010 年第 1 期。

〔2〕周训芳：《生态公益视野中的农民土地权益法律保障制度研究》，湖南人民出版社 2010 年版，第 204 页。

〔3〕唐孝辉、阿荣：“草原地役权制度之实践价值”，载《前沿》2011 年第 23 期。

物自然保护区周边一定范围的土地，应当严禁各种重度污染源。

第五节　野生动物栖息地资金机制的法律完善

一、野生动物栖息地资金问题

（一）中央财政资金匮乏

《自然保护区条例》第23条规定：“管理自然保护区所需经费，由自然保护区所在地的县级以上地方人民政府安排。国家对国家级自然保护区的管理，给予适当的资金补助。”我国自然保护区划分为国家级和地方级两大类，根据该条款，国家只对前者给予一定补贴，主要用于保护区的基础建设，而对需要长期资金支持的规划建设如生物多样性保护等，却不予支持。地方的自然保护区经费只能由地方政府自己解决，而且国家级自然保护区多交由地方代管，日常所需经费也由地方政府解决，最终都出自于各级业务部门的行政经费，数额非常有限。我国的自然保护区多处于西部民族地区，经济发展水平落后，当地财政很难对保护区进行投入。以新疆林业系统自然保护区收支状况为例，2004年资金缺口（收不抵支数额）高达175.92万元，而总收入仅为91.36万元。[1]

---

〔1〕苏杨：“中国自然保护区资金机制问题及对策”，载《环境保护》2006年第21期。

（二）捐赠资金管理不规范

《自然保护区条例》第6条规定："自然保护区管理机构或者其行政主管部门可以接受国内外组织和个人的捐赠，用于自然保护区的建设和管理。"该条款允许自然保护区接受包括国外资金在内的多种社会力量的资助。然而，这些捐赠往往只保护部分濒危生物物种，适用范围狭窄，具有不稳定性和临时性，管理不规范，加上缺乏税收政策和法律的支持，难以成为有效的资金来源。[1]

（三）资金大量用于行政开支

"2003年，林业系统保护区的经费中保护性支出仅占60%，这其中又有60%是'人头费'，即在林业系统保护区的全部收入中仅有约14%用于保护业务。这种情况在林业系统国家级以下的保护区中更为严重：1995~2000年，国家级以下保护区的新增资金超过90%用于改善员工福利、盖楼和添置交通工具等方面，对于协调与周边社区的矛盾、开展科研等几乎没有投入。"[2] 这样一来，留给保护工作使用的资金就所剩无几了。

（四）支出结构不合理

《自然保护区工程设计规范》规定了极为详细的建设标准，为了项目的顺利审批，各地一般都会以此为参照，面面俱到地承诺建设大量工程，这样就忽略了自然保护区亟待解

---

〔1〕 林森："略论我国自然保护区资金机制的法律完善"，载《西安建筑科技大学学报（社会科学版）》2012年第6期。

〔2〕 苏杨："中国自然保护区资金机制问题及对策"，载《环境保护》2006年第21期。

决的保护问题，从而占用大量资源造成浪费。国家没有将国有森工体系和地方的自然保护区纳入投资范围，在保护区基本建设投资中所占的比例十分有限，例如，西藏自治区的自然保护区建设投资资金高达34%来自于民间资助，地方政府的财政负担十分沉重，导致配套资金常常难以兑现。让占国土面积多数的地方自然保护区依靠银行贷款和非政府组织资助不但不能解决长期以来的资金短缺问题，而且也不符合社会主义市场经济的资金运作规律。[1]

（五）管理体制不足

依照《自然保护区条例》第8条的规定，我国自然保护区实行综合管理与分部门管理相结合的管理体制。国务院环境保护行政主管部门负责全国自然保护区的综合管理，国务院林业、农业、地质矿产、水利、海洋等有关行政主管部门在各自职责范围内进行管理。这种体制存在多头管理、效率低下的弊病，反映在资金机制上，容易产生谁都负责，但谁都不愿主动拨付资金的状况。而且，实行分税制“影响了地方对自然保护区投入的积极性。自然保护区的投入是多级多部门的，既有主管部门的，又有地方政府的，采取上面拨一点，地方‘配套’一点的方式。投入职责不清、权利不明，地方配套很难到位。不但如此，一些地方还‘层层剥皮’，直接影响了保护区的建设和管理”[2]。资金不到位的负面影响

〔1〕 国家林业局野生动植物保护司、国家林业局政策法规司编：《中国自然保护区立法研究》，中国林业出版社2007年版，第185页。

〔2〕 刘通：“我国禁止开发区域利益补偿政策评述”，载《经济研究参考》2007年第12期。

在中国西部的自然保护区尤为明显，那里地域辽阔，却很少在一线配置充足的管护人员，环境行政执法力量长期以来比较薄弱，执法人员缺乏相关专业知识，这都影响了执法效果，资金匮乏打击了基层工作人员的积极性，形成了恶性循环。

（六）自然保护区经营活动与社区居民的矛盾

自然保护区管护的首要目的是保护生态平衡，然而，由于资金严重不足，自然保护区管理机构不得不转而开发利用保护区自然资源以缓解经费困难，大约80%的保护区都在开展各种形式的自营活动，这些营利活动的成果由实际上没有土地管理权的自然保护区管理机构享有，社区居民却几乎很少从中受益。

二、国外关于资金机制的立法经验

（一）政府承担主要的资金责任

发达国家主要采取政府拨款为主、社会力量资助为辅的方式来满足自然保护区建设需要。这是因为，自然保护区作为一个国家生物多样性和自然遗产最为丰富的地区，是属于全社会珍贵的共有财产，其公益性不言而喻，作为一种公共资源，维护和建设的费用应当主要依靠政府财政支出。

加拿大于1997年建立了38个国家公园，其1998～1999年度的财政预算约合人民币20亿元。其中，除了近5亿元需创收获得，其余均由中央财政安排，因此国家公园系统的联邦拨款占据主导地位，通常与自我创收的比例控制在3∶1。国家公园在刚刚建立期间，联邦安排除人员工资和正常运行之外的专门基建经费，而且强度较大。如萨格奈－圣劳伦斯海洋公园（Parc marin du Saguenay – Saint – Laurent）从1995

年至2000年，基本经费不变，基建费每年递增300万元人民币，7年之内的总经费将为1.2亿元人民币。[1]

美国国家公园的经费来源于国家拨款，美国国会在1997年给375个国家公园的预算是15亿美元，主要用于国家公园的日常运行和管理。严格限制公园门票的征收，决不允许管理局下达经济创收指标。1965年，国会通过了《特许经营法》，对公园内的服务设施和经营向社会招标，经济上与国家公园无关。美国国家公园属于非营利性机构，专注于自然保护区文化遗产的保护和管理。对于有门票收入的公园，门票收入全部上缴财政，再由财政按一定比例返还，实现收支两条线管理。[2]

日本是一个非常重视环保和生态的国家，实行的是土地所有权与经营管理权相分离的制度，这样一来，只要是被划为自然保护区，无论土地为何人所有，都交由有关部门统一管理，运作经费也纳入到同级政府的财政预算之中。

（二）关于社会性收费的规定

除了公共财政支出以外，国外立法同时也采取了社会性收费的做法，多渠道争取资金。与环境法秉持的污染者付费制度相似，社会性收费是指对从自然保护区的管护工作中受益的个人和单位收取一定费用并用于保护区建设的资金筹措机制。完善社会性收费制度有利于促使受益人合理地使用保

---

〔1〕朱广庆："国外自然保护区的立法与管理体制"，载《环境保护》2002年第4期。

〔2〕林业局野生动植物保护司、国家林业局政策法规司编：《中国自然保护区立法研究》，中国林业出版社2007年版，第118页。

护区的自然资源，避免过度开发，同时减轻财政负担。

加拿大国家公园在20世纪90年代面临财政拨款下降的情况下，就向各种使用者收费，开辟其他收入来源，以弥补经费不足，如通过特许经营、土地出租、土地出售等途径实现的社会性收费，占其建设管护经费比重高达52%。加拿大国家公园作为"公共物品"，其主要由政府拨款支持，非政府拨款收入约占其预算的17%，基本来自于向旅游者、消费者、受益者收费。在立法保障方面，加拿大《国家公园法案》的第16条第1款（g）、（r）项和第3款对许可使用和收费事项进行了详尽规定。对于垂钓、狩猎和其他使用国家公园区内资源的行为都可以进行管制，以发放许可证的方式收取一定费用。[1]

新西兰除了财政资金以外，同样在努力拓宽资金渠道。森林遗产基金（Forest Heritage Fund）是保护区资金的一种来源方式。同时，新西兰自然保护区与国外自然保护区合作很频繁，也资助了境外的多个项目，但在保护本土物种基因资源和抵御外来物种入侵方面得到了来自美国、加拿大和澳大利亚的资金和技术资助。此外，旅游收入也是保护区资金的一个来源。[2]

---

〔1〕 王权典："自然保护区资源保护管理社会性收费问题法律探究"，载《法学家》2008年第3期。

〔2〕 王金凤、刘永、郭怀成等："新西兰自然保护区管理及其对中国的启示"，载《环境保护》2006年第5期。

三、完善资金机制的法律对策

（一）完善财政体制，明确资金的给付责任

建议今后修改《自然保护区条例》时，应明确由国家财政承担自然保护区建设资金主要部分的责任，并将所需资金纳入各级政府的国民经济发展计划，最好是在预算中单列出来。"'分级所有、分级出资、纳入预算、中央为主'应该成为保护区筹资机制的一项基本原则，而且这种出资应该主要体现为专立户头的财政经常性预算，并明文规定人头费、事业费及补偿费的事权主体（财政出资方）。对于已经确定机构编制的保护区管理机构，其对应级别政府财政应确保其人头费和事业费。若本级财政无力负担，保护区经费应作为上级财政转移支付的重要内容。根据普及义务教育的经验，也可以采取分块包干制，即人头费主要由中央财政解决，事业费主要由地方财政解决。同时，在国债、国家重点建设工程和扶贫工程等其他财政渠道中，应贯彻'重要者优先'的公共财政供给原则，建立向保护区倾斜的机制：明文规定向保护区及周边社区倾斜，提高保护区在这类财政资金分配中的优先顺序。"[1] 为此，需要国家改革预算制度、转移支付制度等财政制度，以法定形式明确各级政府的财政责任。

首先，要明确具体支付项目。一般而言，保护工程、科研监测、宣教、基础设施等涉及国家整体和长远利益的，由中央财政承担较为合理；多种经营和事业费基本解决的是地

---

〔1〕 苏杨："中国自然保护区资金机制问题及对策"，载《环境保护》2006年第21期。

方的问题，如当地劳动力就业等，由地方财政负担较合理；而对生态旅游、社区共管这些收益主要在当地，但国家也能获得部分溢出效益的，则应由地方政府承担为主，国家给予适当补助为辅。[1]

其次，拓宽资金来源，充分利用社会力量融资。国家应在税收法律上进行修改，使得自然保护区成为可以享受社会捐助的优惠对象。定位于公益性的自然保护区可以建立各种专门性的保护基金，并应当制定相应的管理办法，明确管理主体和审批程序，做到专款专用并接受社会监督。

（二）完善资金投资机制，健全社会性收费制度

自然保护区可以产生多种类型的效益，既有经济效益又有生态效益。根据不同的定位以及受益人的可达性，保护区可以为受益人提供公共或私人的产品和服务。搞清了保护区提供的产品和服务的性质，就可以确定保护区的具体投资渠道和管理机制。纯粹的公共产品服务应当由国家财政资金和国内外捐赠资金承担提供的责任，私人产品服务则应根据市场化原则，可以考虑在保护区内采取特许经营、提供生态产品和服务的措施，并对经批准使用保护区资源的个人和企事业单位征收受益费用。[2]

1. 明确资金投资机制的基本原则

应当对不同类型的自然保护区采取不同的财政扶持政策，

---

〔1〕 吴健、文峰：“公共管理背景下的国家级自然保护区财政改革”，载《环境保护》2005年第5期。

〔2〕 林森：“略论我国自然保护区资金机制的法律完善”，载《西安建筑科技大学学报（社会科学版）》2012年第6期。

即对于保护要求很严格，或虽然保护要求并不太严格，但丝毫不具备创收条件的自然保护区，国家应采取完全事业预算制管理，实行全额补贴政策；对于允许开发，且又具备一定开发能力的自然保护区，应该实行差额预算，定额补贴政策；对于有开发利用前景的自然保护区，在其初创阶段的启动资金以及自然保护区的道路、电力、通讯等基础设施建设，国家也应给予政策性低息贷款；对于自然保护区开办的第二、第三产业和短期内就能见效的第一产业，必须对其实行商业性贷款政策。[1]

2. 健全社会性收费的具体对策

首先，立法应坚持收费的公益性，明确收费的目的和程序，收取的费用要坚持收支两条线，只能用于保护区建设。

其次，由于保护区管理机构是《自然保护区条例》明确规定承担管护责任的主体，因此应由其作为收费主体。对于征收的对象，在坚持受益者负担的原则下，规定为以下几类：一是自然保护区周边企业；二是自然保护区非核心区内乡村与居民；三是旅游参观人员。对自然保护区周边企业及非核心区内居民的收费，即为环境保护费，而对旅游参观人员的收费，即门票，应包含自然资源使用费；[2] 四是科研教学单位。

最后，制定科学的收费标准。由于各个保护区具体情况

---

〔1〕 中国自然保护区投资机制研究课题组："中国自然保护区投资机制研究"，载《林业经济》2000 年第 3 期。

〔2〕 王富有、陈建华："自然保护区经费来源问题研究"，载《西北林学院学报》2008 年第 6 期。

不同，社区群众的经济状况也不同，而且有些受益难以量化，因此必须制定符合实际的收费标准。为了避免利益冲突，不应由保护区管理机构单独制定标准，而是应由财政部门主导，在对影响收费标准诸因素进行仔细调查和分析的基础上，听取保护区管理机构和群众意见，再明确具体的标准。

四、改革行政管理体制

（一）完善管理机构

在现行体制下，保护区的建设标准由中央制定，而落实却主要由地方承担，而且多个部门均可进行管理，现行法规又没有明确综合管理与分部门管理的准确界限，这显然是不合理的。借鉴国外的做法，应当考虑在时机成熟时，取消目前多个部门均可对自然保护区进行管理的模式，在中央设立一个单独的机构，全面负责全国的自然保护区管理工作。这样不但可以提高工作效率，还可以节约行政资金。

（二）经费应主要投向基层

以林业部门为例，其所属的各级野生动植物保护管理办公室，日常工作主要是文案工作，而且集中于对商业性野生动植物资源利用活动的审批与监管，对于保护区内野生动植物的野外调查和保护，反而做得很不够，而且这些部门无论人力还是设备，都严重不足。很多西部地区的自然保护区，甚至没有专职从事野生动植物保护工作的人员。因此应当调整机构设置，充实基层，并提供必要的物质支持，资金的投入也要下移到基层。法律应当规定财政经费向基层投入的最低比例。

（三）明确自然保护区管理机构的法律地位

自然保护区管理机构一边开展营利活动，一边承担保护环境的责任，两种角色从根本上来讲是对立的，这无异于管理机构既是运动员又是裁判员，偏离了自然保护区设立的初衷。法律在将自然保护区的经费纳入各级政府预算之后，其管理机构人员也应纳入公务员系统，受公务员管理法的制约；必须剥离管理机构的经营职能。

（四）完善保护区分类制度，规范自然保护区经营活动

建议借鉴IUCN关于保护地的区分和管理办法，重新制定自然保护区的分类标准，根据具体的管理目标设定管护要达到的目的，并以此为依据拨款。有学者认为，根据保护对象的特点和自然保护的目标，可以将自然保护区土地划分为严禁人类活动的土地、适当限制人类活动的土地、人与自然和谐共处的土地三种类型，并在此基础上建立符合生态规律、人地关系特点和自然保护要求的自然保护区土地权利体系和土地权属管理制度体系，并尽可能地以民法的手段来处理土地权属关系，而避免将土地权属管理变成单纯的土地行政管理。[1]

不同类别的保护区在所需经费和具体使用上都存在巨大差别。对于第一类自然保护区，应当由政府全额拨款，今后修订《自然保护区条例》时应当明确国家级自然保护区土地所有权归国家所有，为此要允许采取划拨、征收、购买等方式取得土地所有权，彻底解决权属问题，防止侵占土地现象

〔1〕周训芳、吴晓芙："我国自然保护区土地权属立法中的几个问题"，载《林业经济问题》2006年第5期。

的发生。这一类保护区，由于经费出自政府财政，所以不该再从事自营开发活动。对于后两类自然保护区，可以借鉴《物权法》关于地役权的规定，通过平等协商，与社区居民订立管护契约，明确彼此的责权利，由社区代为承担管护保护区的责任，同时适当照顾居民利用自然保护区内自然资源的权利。具体而言，对属于由事业单位取得土地使用权的区域，应当规定由其负责保护。对于其他区域，可以建立保护区，由当地政府委托有关单位和个人托管，这势必要对他们的土地权益进行限制。为平衡各方利益，应当签订林地或草原地役权合同，双方平等协商，对土地的利用目的、期限、费用及支付方式作出规定。这两类保护区在实行社会性收费后仍然无法完全解决经费的，可以适当开展经营活动，但根据保护区设立的初衷，应当限于生态旅游活动。地役权合同的最终目的是为了保护保护区的生态环境，因而不能一味地追求经济效益最大化。

第四章

野生动物保护中的社区参与

政府对野生动物保护使用公权力进行管理是政府行使环境公共权力的一种具体表现形式。政府对于环境保护事务进行管理被认为是行政公共权力的表现。因此，在野生动物保护中政府的保护至关重要。但是，政府并非唯一的保护主体，野生动物保护需要重视当地人的知识和参与，只有发挥社区参与的作用，才能更好地实现保护的目标。

第一节　政府环境公共权力概论

一般来说，公共权力被认为是社会公共领域中由公众所赋予和认同，并能够给公众带来保护和幸福的集体性权力。[1] 政府要管理公共事务，必须以一定的权力为基础，从而形成了公共行政权力。既然政府被认为是公共利益的代表，

〔1〕 刘圣中："私人性与公共性——公共权力的两重属性及其归宿"，载《浙江学刊》2003 年第 2 期。

政府的环境保护职能作为一项公共事务职能，必须以赋予其相应的权力作为基础。政府环境公共权力是行政权力的一种具体形式，它是政府进行环境决策、执行环境法律、管理环境公共事务的专门权力。[1] 野生动物保护作为一项典型的公益事务，随着环境危机的日趋恶化，也正在成为跨地区甚至跨国境的环境事件，无论是国内保护还是国际层面的保护，都离不开政府环境公共权力的运用。

环境公共权力在性质上是一种行政权，具有持续性和主动性的特性。行政主体对环境行政事务实施主动、直接、连续、具体管理的权力仅是狭义的环境公共权力，而广义上的政府环境公共权力不仅包括了行政主体对环境行政事务实施主动、直接、连续、具体管理的权力，还包括了行政立法权和司法权。[2] 政府环境公共权力赋予政府直接管理环境保护事务的法律资格，同时也是政府所负担的一种职责和义务，这意味着政府环境公共权力的权力主体和义务主体均为政府，权力的数量与义务的数量相等，而且二者均为政府提供了一种确定性的指引，政府必须行使环境保护的职责。[3] 具体到野生动物保护，政府环境公共权力的行使就是政府根据保护目标，一方面，通过立法的手段，以设立自然保护区、进行相关科研、禁止非法猎捕并对违法行为予以处罚等措施对野生动物进行人为的管理控制；另一方面，通过建立各种协调

---

〔1〕 赵俊:《环境公共权力论》，法律出版社 2009 年版，第 36 页。

〔2〕 赵俊:《环境公共权力论》，法律出版社 2009 年版，第 39～40 页。

〔3〕 赵俊、赵园园:“论政府环境权力的性质”，载《生态文明与环境资源法——2009 年全国环境资源法学研讨会（年会）论文集》2009 年版，第 1465 页。

制度，调整人地冲突中人与野生动物之间的关系，这一点对于中国这样一个人口众多，要求不断提高经济发展速度的发展中国家而言尤为重要。而要做到这一点，没有政府出面调动各种资源进行管理是不可想象的。

第二节 政府环境公共权力行使的现状

从政治学的角度审视野生动物保护公权力的行使现状，笔者认为，基本上可以划分为普罗米修斯主义与行政理性主义两种类型。在各国政府目前的野生动物保护中，不管表面上采取了多么复杂的不同的保护措施，实际上却都是这两种具有严重缺陷的思想的产物。

一、普罗米修斯主义模式下的野生动物保护

普罗米修斯是古希腊神话人物，在埃斯库罗斯（Aeschylus）的悲剧《普罗米修斯》（*Prometheus*）中，这位反叛者违背宙斯的旨意，为人类而盗取火种，从而使人类大大增强改造和控制世界的能力。几个世纪以来，普罗米修斯的形象及其孕育的内涵深深嵌入西方的社会思想中，它的产生和发展与工业革命的突飞猛进、自由资本主义的发达相伴相随。由这个形象所塑造的意识形态称为普罗米修斯主义，即推崇人类具有无所不能的力量。

在普罗米修斯主义者的视野中，没有不可以开发利用的东西，一切非人类存在物只要有利可图就可以为人根据具体需要而支配，这么做的基础是我们相信现代科技可以解决一

切问题。在普罗米修斯主义者那里，人类社会的进步就是经济增长，也只有经济增长才是人类社会发展的动力。几乎没有哪一个政府会怀疑这一点，现代国家的公共政策几乎都是围绕着经济增长而运转的，政府的架构和功能也被认为应当按照经济增长的需要来确定，法律则是这种机制良好运转并免受干扰的保证。约翰·S. 德赖泽克（John S. Dryzek）建议我们从"话语"（discourse）的角度分析问题。话语乃是一种理解我们世界的共享方式。我们通过语言向他人叙述和解释自己的观点，并通过话语构建我们彼此之间的意义和关系，没有话语的沟通是无法想象的。我们的话语包括了各种假设、判断与争论等元素，有了它们我们才可以在各种不同的分析、辩论中能置身于同一个讨论框架中，因为这些元素为每一个人提供了基本术语。话语与政治权力之间的关系十分密切，有时候话语本身就是权力，它可以制约和统治人们的价值观，作为权力的话语既有足够的力量使得他人赞同自己的观点，也可以通过压制那些与自己不同的观点使之失去市场。[1]

在普罗米修斯主义者话语系统中，根本不存在生态系统，甚至连自然资源的概念都不存在，事实上，自然界本身仅仅是一种"粗野的物质"。因为自然资源的供应充满了不确定性，只有我们"发现"并需要使用时，自然资源才存在，它们是人类科技改造后的产物。普罗米修斯主义者也不承认增长存在极限，因为他们认为科技可以解决这一问题。普罗米修斯主义者的本体论是缺失的，其构建和承认的实体是

〔1〕［澳］约翰·德赖泽克：《地球政治学：环境话语》，蔺雪春、郭晨星译，山东大学出版社2008年版，第9页。

“人、市场、价格、能源和技术”，在其话语中“施动-行动能力是面向每一个人的，主要是作为经济行为者”，其关键性隐喻是机械式的，“机器由简单的零件——最终是些简单性的资源——借助人类技术和能量的运用而构成。”[1] 在这样一个逻辑下，根本看不到自然的存在，更别提野生动物了，所以普罗米修斯主义者认为人对自然的关系就是一种等级制的统治关系也就不奇怪了。普罗米修斯主义者憎恶环境法，对于野生动物物种保护也没有兴趣，但如果有的话，那也是因为在他们看来，野生动物就好像水流和矿产一样，不过是为了满足人类需要的某种自然资源。在这种模式下，哪些野生动物可以得到保护完全取决于保护它们是否能够带来经济上的好处，至于无经济价值的野生动物是不予考虑的。

二、行政理性主义模式下的野生动物保护

环境问题，包括野生动物物种的保护在内，长期以来由于该议题需要自然科学家们的研究，并将其解释给社会和政府，因而一般被当作技术问题来处理。政府秉持科学理性来解决环境问题的现象乃是基于这样一种认识，即行政理性。

所谓理性一般有三种意义上的用法：一是认识论，即人类具有认识事物本质规律的能力；二是意识论，即由人类的意识所支配的心理活动；三是人性论，即人类具有理智的合乎逻辑的属性。由此，一般意义上的行政理性是指“行政主

---

〔1〕［澳］约翰·德赖泽克：《地球政治学：环境话语》，蔺雪春、郭晨星译，山东人民出版社2008年版，第63～67页。

体在价值判断、事实认知、目标规划、工具选择等方面进行合理权衡、理智取舍、客观分析、冷静思考的行为能力与行为模式"[1]。这个概念预设了行政主体能够认识、保护和实现社会公共利益，并能够采取有效的手段实现行政目标的前提，因而行政主体应当且可以发现和遵守客观的行政活动规律，同时又明确自身活动的界限以免侵入公民社会之中造成不当干预，并与之进行积极的良性的合作。不但如此，行政主体可以秉持理性的批判精神，能够随着社会情势的变迁不断反思行政现实进而求真向善，行政主体还可以对未来行政活动的发展趋势做出理性的预期并进行合理的制度建构。[2]

行政理性主义实际上希望的是一个由专家主导的政府，它把关于环境保护事务的公共政策和法律视为技术事务。约翰·德赖泽克指出，行政理性主义是一种“解决问题”的话语，以自由资本主义的现有构架为前提，政府是行政国家，被视为统一的整体，管治不是如何实现民主的问题而是如何进行理性管理以实现通过成本-效益分析而发现的“公共利益”，在这一过程中，科技专家的意见尤为重要。“解决问题”的话语形式决定了行政理性主义依然暗示了人可以征服大自然，并且支持在人类社会中存在两个相互补充的等级，一是人民服从于国家，二是国家等级制内部的专家和管理者

〔1〕 颜佳华、苏曦凌：“行政理性论”，载《湘潭大学学报（哲学社会科学版）》2010年第5期。

〔2〕 颜佳华、苏曦凌：“行政理性论”，载《湘潭大学学报（哲学社会科学版）》2010年第5期。

处于主导性地位。政府作为施动者被赋予极为重要的意义，但技术专家具有最大的权力，技术和拥有技术的专家被认为能最好的代表公共利益。比起普罗米修斯主义者，行政理性主义者的隐喻和修辞要温和得多，它的修辞把关切和放心结合成一个混合体，共同发挥作用，所以，当出现某个环境问题的时候，政府会安慰公众不必恐慌并将风险作为孤立的个体予以解决，这样一来，环境问题从来就不会被看作工业社会发展过程中的严重错误。在这一模式之下，只有政府才对野生动物保护有实质意义上的发言权，社会公众和社区居民的意见经常被自动忽略。野生动物保护实际上被当作一个纯粹的技术性问题来处理，人们关注的是某些野生动物存在的数量是否达到规定的标准，却往往忽视对其栖息地的保护，忽视了生态系统的关联性。结果是，表面上一定时期之内野生动物的数量似乎稳定地维持在一定的水平上，但其种群繁衍却难以为继，或者后代明显出现了对环境的不适应，从总的趋势来看，野生动物种群的状况并没有随着“科学的”、“专业的”管理措施而走向好转，反而更可能迅速走向衰落。

第三节　政府环境公共权力合法性问题

政府无论采取普罗米修斯主义模式还是行政理性主义模式，都不能缓解人与自然之间的紧张关系，反而会使得野生动物保护走入歧途。究其原因是现代国家的政府普遍把野生动物规定为国家所有的财产，并建制各级野生动物管理部门实行自上而下的严格管理。在这种保护模式下，政府通常采取自然资源管理学的方法来保护野生动物，以期实现经济效益最大化的目标。这在客观上使得政府在野生动物保护中经常排斥当地社区的参与，在制定和实施相关的保护措施时忽视当地社区的意见，迷信自然科学理性的官员倾向于认为社区居民的传统环境知识是落后的，甚至进而否认他们的利益诉求，这导致政府和社区居民就野生动物保护经常发生冲突。政府往往认为社区居民并不热心和支持野生动物保护，而社区居民则认为政府的政策和立法脱离实际，且忽视自己的切身利益，因而可能会对野生动物保护持抵触态度。这种矛盾反映了人与自然之间的紧张关系，长此以往，必然会导致政府环境公共权力的合法性危机。

在现代社会，政治的合法性主要通过法律的合法性的形式表现出来，因此，政治的合法性话语为法律的合法性所取代。法律不但为国家统治的合法性提供证明，而且还在政治（行政）、经济、社会生活等各个系统中发挥重要调节作用。法律的合法性证明就成了核心和基础。[1] 合法性是民众对权力系统各个要素及其政治秩序的认同，这种认同涵盖了价值、制度、政绩、利益等方面。但由于掌权者在建构政治秩序时绝不可回避价值前提，他们总会以特定的价值为出发点，以"应当"如何为价值理念；而民众则通过对政治权力、社会政治生活正义、公平与否等的价值判断对现有权力系统和政治秩序作出相应的反应。可见，在所有的认同要素中，伦理

〔1〕 艾四林、王贵贤、马超：《民主、正义与全球化——哈贝马斯政治哲学研究》，北京大学出版社2010年版，第129页。

价值认同是实现认同的核心和关键。也正是在这个意义上，哈贝马斯（Jürgan Habermas）得出了合法性就是一种政治秩序被认可的价值的结论。[1]

一般认为，政府环境公共权力也要具备合法性。首先，这种权力确有存在必要，政府被认为是公共利益的代表，因而需要承担起环境保护的职责，社会公众则需要一个人与自然界和谐共处的生态环境；其次，政府环境公共权力在世界各国的法律中均有明确的规定；最后，政府环境公共权力的行使目的是为了社会整体利益，是为了人类社会得以存续的物质基础可以永续发展。

一、环境公共权力的形式合法性

一般认为，环境公共权力的形式合法性指的是环境公共权力符合一个国家制定法（实在法）的规定，也就是环境公共权力符合现有法律制度的要求（立法），就是合法化的过程。[2] 根据这一定义，政府环境公共权力是现代国家立法的产物，其形式合法性的评价主要取决于其产生过程是否符合立法制度的原则、程序。

二、环境公共权力的实质合法性

环境公共权力的实质合法性是指法律化之后的公共环境权力是否符合环境正义的标准。一般而言，如果环境公共权

---

〔1〕 唐土红："论权力合法性的伦理意蕴"，载《伦理学研究》2010 年第 5 期。

〔2〕 赵俊：《环境公共权力论》，法律出版社 2009 年版，第 63～64 页。

力符合占据主导地位的道德观念就具有实质合法性。不过，一定时期内社会多数人的道德观念并不一定就是合理的，所以，实质合法性与社会普遍的道德观念相符是从宏观的发展趋势上而言的。法的最高理想是正义，在环境保护事务上，环境正义对环境法提出了在环境事务中实现正义的要求，这种要求说明环境正义表示环境资源法应该合乎自然，即合乎自然生态规律、社会经济规律和环境规律（即人与自然相互作用的规律）。[1]

三、中国的政府环境公共权力合法性问题

中国的《野生动物保护法》条文原则、抽象，各个地方的野生动物保护立法大多是这部法律的简单翻版，其内容基本上是对各级职能机关职责的规定，实质上是一部行政管理法规。一方面，就许多相关细节问题的规定，无论是国家还是地方层面的立法都不可能面面俱到，只能留待下一级职能部门或其他职能部门制定的大量的行政性法规来解决。在这一立法过程中，由于立法过程的高度封闭性，立法本身往往成为各部门利益博弈的工具，对于有利于行使本部门权力的互不相让，但对于需要资金和人力投入的却又持消极态度。[2] 特别是，由于野生动物保护立法部门利益化现象较为突出，这容易产生寻租和浪费资源等不良现象，引发社会对

---

〔1〕 蔡守秋：“环境正义与环境安全——二论环境资源法学的基本理念”，载《河海大学学报（哲学社会科学版）》2005 年第 2 期。

〔2〕 乔世明、林森：“论合法性视角下的政府环境公共权力”，载《内蒙古社会科学（汉文版）》2013 年第 4 期。

政府立法初衷的质疑。在野生动物保护中，如果具有利害关系的社区居民的意见被政府忽视，就会导致野生动物保护立法的效果不尽人意。当矛盾不断激化，就会产生政府环境公共权力的合法性危机。

另一方面，政府在立法中不可能具备所有必要的知识，特别是对于野生动物保护这样高度复杂，其成效又依赖于地方性知识的环境问题更是如此。这意味着政府需要适度地下放权力，有所为有所不为，即转型为一个有限政府。

中国的野生动物保护主要是从改革开放之后才得到足够重视的，在此之前，由于对环境保护的重视不够，加上重大决策很少考虑环境因素，因此，野生动物保护一直未能提上政府的议事日程，反而因为经济和政治上的因素，导致野生动物栖息地大量被破坏，直至出现严重的环境危机，许多野生动物濒临灭绝时，政府才意识到需要主动予以保护。野生动物的灭绝是不可逆的，尤其是对野生动物物种的保护往往还涉及如何处理土地利用问题，这关系到怎么解决人类的利益与非人类存在物的利益之间的平衡问题。改革开放之前中国的环境政策是一种典型的强式人类中心主义思维的产物，人们相信人定胜天，无止境地向大自然索取，野生动物大有被赶尽杀绝的危险。而改革开放以后，环境政策和法律又走向另一个极端，土地被严格圈定起来实施完全与社区居民隔离的保护。例如，为响应退耕还林（草）工程，宁夏从2003

年5月起全区禁牧，天然草原全部禁牧休牧，[1] 但这没有明确如何保障农牧民权益。例如，永久性搬迁后草场的使用权不清楚，禁牧期满后是否可以回到原有草场或耕地不清楚，为保护生物多样性是否可以限制农牧民的土地权益也不清楚。在这一过程中，当地的少数民族有利于自然保护的传统生态观被认为是过时的，他们与土地之间的联系被人为割裂，失去了身份认同感，这反而不利于野生动物保护。

由于中国的野生动物保护法只关注对上下级政府之间及其内部各职能部门管理权力的划分，几乎没有考虑非政府组织和社区居民参与管理的可能，结果导致野生动物保护低效。如前所述，中国西部地区政府财政较为困难，拨款一般极少会有向野生动物保护倾斜的可能。事实上，当地主管野生动物保护的各级林业部门的经费短缺是很常见的现象，很多自然保护区连足够的管理人员都无法到位。理查德·B. 哈里斯(Richard B. Harris)的观察结果是："中国省一级的野生动物

---

〔1〕 一般认为，禁牧是为了防止过度放牧，以免超过草场的承受能力。中国西部草原的退化与过度放牧有关。然而，理查德·B. 哈里斯却指出，所谓的"过度放牧"和"草原退化"直观看上去却并非有着清晰界定的概念。因为这种含混的措辞忽视了对草原的管理目标，结合不同的管理目标，概念所指的内容差异极大，也会导致不同的政策和法律。而且这个问题在自然科学研究中充满争议，再次说明这两个概念的复杂性。哈里斯的观察是，"相对于大部分草地同时保证牲畜和野生动物处于健康状态的能力而言，最近放牧的密度是比较高的"，另外，由于中国环境政策的失误，导致缺乏连续性的可靠的检测数据，事实上根本不清楚草原到底哪里在退化，又退化到什么程度，甚至为什么退化的原因也不清楚。在这样的状况下，难以去制定和评估草原恢复的策略。参见[美]理查德·B. 哈里斯：《消逝中的荒野——中国西部野生动物保护》，张颖溢编译，中国环境科学出版社2010年版，第30~33页，另可参考该书第54页到第55页的第26个注释。

官员除了审批和协助偶尔的研究外，基本不像北美的官员那样做什么与野生动物管理相关的工作。"[1] 省级以下的情况只会更加糟糕。

尽管政府环境公共权力在野生动物保护上存在低效的状况，但却几乎没有任何的外部监督机制督促其工作。尽管《野生动物保护法》和西部地区的地方性法规都规定了公民有权去检举和控告破坏野生动物资源的行为，但是，法律却没有规定检举控告的公民享有什么权利并以何种名义检举控告，导致这一规定形同虚设。尤其是对野生动物保护管理部门的渎职行为，公民能否实施检举控告，法律也没有作出规定。这种情况正如前所述，中国的行政管理法规关注的是权力在政府内部的分配以期达到控制腐败和相互制约的目的，而并非在于赋予公民外部监督政府的权利。对于热心野生动物保护的非政府组织和西部地区的社区居民而言，法律在此充其量只发挥了一个信号功能，也就是说政府只是通过模糊的法律条文向公众表达了一个美好的愿望。事实上，中国西部的社区居民并非如一些文献所讲缺乏环保意识，大量的非政府组织在致力于野生动物保护，西部地区的少数民族也有足够的动力运用自己的地方性知识保护当地的环境和野生动物，但是这些力量在制度设计上都没有得到重视。

---

〔1〕［美］理查德·B. 哈里斯：《消逝中的荒野——中国西部野生动物保护》，张颖溢编译，中国环境科学出版社 2010 年版，第 10 页。

第四节 社区参与野生动物保护的理论

一、社区参与和社会权力

郭道晖教授认为，社会权力理论的背景就是国家与社会的二元分离。社会权力是一个相对于国家权力的概念，是指“在国家与社会二元化格局下，社会主体拥有自己的社会资源和独立的经济、社会地位而形成的对国家和社会的影响力、支配力”[1]。社会权力存在的客观条件是社会发展的多元化，在这样一个社会中，国家并不是资源的唯一拥有者，各种社会组织也可以拥有各种资源，形成自己的力量并发出自己的声音，同样可以在包括野生动物保护在内的环境事务中产生影响力和支配力。

政府权力是如此强大，如果缺乏监督就很容易走向专断。因此，如何有效制约国家权力一直是政治学和法学研究的重点问题。一般而言，对于国家权力的制约途径有两个：第一种方式是通过权力来制约权力。西方民主国家主要通过三权分立制度来制约国家权力。不过，这种方法已经表现出越来越多的缺点，因为无论三权如何分离，它们在权力来源上都是同一的，具体运行容易演变为利益集团的讨价还价，反而难以达到制约的目的。而且这种方式一般只运用于政治生活

---

〔1〕 郭道晖：“论社会权力的存在形态”，载《河南省政法管理干部学院学报》2009 年第 4 期。

领域，本质上只是权力在国家和政府内部的分配，不但适用范围狭窄，而且在内部监督机制失灵或者缺乏透明度的情况下，权力制约权力就会流于形式。第二种方式是通过权利制约权力。这一方式的核心就是强调法治，国家权力必须在法律规定的范围内行使，通过强化个体权利来对抗国家权力。但是，这种方式同样存在缺陷，主要是个体权利力量薄弱，在法治难以实现的时期，国家权力完全可以一边形式上承认个体权利却又同时践踏个体权利，而且个体权利很难组织和形成集体力量。像野生动物物种濒临灭绝这样的环境危机的后果一般不会立即体现出来，而是要经过相当长的时间。在此期间，个体权利遭到了损害，但其却难以知晓，因此就无法及时地向环境公共权力提出治理要求。这并不是说个体权利对于制约国家权力没有作用，笔者强调的是，环境危机具有和传统政治经济事务不同的特点，野生动物保护的复杂性使得物种灭绝的后果不容易被人们立即辨识并达成一致意见，其对个体权利的侵害是难以察觉的，对于这种具有广泛社会危害性却常常难以察觉其后果的事务，需要超越个体权利的视野，将那些原先被排除在国家政治生活领域外的力量纳入进来，增强对国家权力监督的外部力量。于是出现了第三种方式，即通过社会权力来制约国家权力。“在社会管理过程中，政府不再是唯一的主体，各种社会组织担当着社会管理的职责，成为社会管理的主体，社会管理主体表现出多元化特征。治理的过程是国家权力与社会权力及个人权利交叠共存的局势，是各个治理主体相互协作的过程。”[1]

社会权力要求社会组织在野生动物保护等环境事务中发表意见并参与治理，既是对政府环境公共权力异化的一种制约和监督，也是对其局限性的一种补充。社区参与保护事务就是要发动公众的力量，主要是发动社区居民的力量主动保护本地区的野生动物。笔者注意到，有一些观点认为，不少地方的社区居民生活困难，很难有动力放弃靠山吃山、靠水吃水的生活方式，也并不是所有的社区居民对管理当地的环境保护抱有积极性，相反，很多当地人更乐于继续向自然索取，因为他们必须考虑眼下的生活。对此，笔者认为，关键在于从制度设计上将社区居民的利益与自主性联系起来，单一僵化的自上而下的政府管制只会使得他们对野生动物保护缺乏兴趣，因为政府的作为很少会考虑他们的诉求。野生动物保护应当在相关问题产生的层面和地域中得到解决，政治制度和经济制度的安排也应当以此为基础进行建构。由于自然环境的不同和历史文化的差异，每个地域的社区居民对当地野生动物物种所掌握的知识也不同，彼此之间形成的互动也不同，而野生动物保护直接与社区居民的利益息息相关，因此，激发他们自己的知识和力量能够有效应对有关保护的一系列问题。野生动物是有机的生命体，而不是没有生命的沙石，对它们的保护其实就是对社区居民和它们之间关系的各种调适，忽视这种关系中的任何一个方面都是不可能实现保护的目的，没有任何人和任何组织能比当地社区居民更了

---

〔1〕 王宝治：“从价值层面论证社会权力存在的必要性”，载《河北学刊》2011 年第 1 期。

解当地的环境和文化，也没有任何人和任何组织比他们更懂得如何作出正确的选择。另外，由于野生动物保护并不是直接对野生动物做什么，其根本目的是为了让其顺其自然的生存，这就可能要求调适乃至对现有的自然资源利用制度（如土地、水流等）和人们的生活方式予以变革，而这种变革本身就关系到社区居民的切身利益，需要听取他们的意见，尊重他们的利益，借鉴他们的知识。总之，公众参与是野生动物保护的必然途径。

二、社区居民在野生动物保护中的主体地位

社区参与意味着政府要尊重社区居民的知识在野生动物保护中的应用，尊重并帮助他们利益的实现，但这一点实践起来却很不容易。野生动物之所以濒临灭绝其实是一个对当地进行现代化开发过程中的附随问题，“长期以来，在人们的观念里，西部是贫困落后的象征，少数民族地区不仅经济落后、社会原始、文化贫困，而且人的思想观念也是落后保守的。而在某些自命为‘引领’历史发展的‘现代人’的眼里，少数民族社会更是被飞奔的现代化列车远远地甩在后面的‘落伍者’。因而，对于贫困落后的少数民族社会来说，他们应当是发展的对象、是客体，而工业化和城市化的现代社会则是他们的楷模和学习的榜样，也是他们必然的发展方向。一句话，在现代化的意识形态里，少数民族社会是它行使文化霸权的对象，以科学技术武装起来的现代社会有权力通过自己的话语体系去解构少数民族的文化和价值观，使他们最终顺从现代化的潮流，按照工业化的模式来发展自己。在这样的话语霸权控制下，少数民族只能是客体，不可能成

为发展的主体。"[1] 这种所谓的“发展”实质是“发展的幻想”，对于那些处于弱势地位的土著人民和少数民族等，他们的命运会变得愈发依赖于外部社会的决定，丧失其真正需要的发展的内生性。在这种思维模式之下。政府环境公共权力习惯在野生动物保护事务中扮演社区居民“守护人”角色，一切不能被理性表述的话语系统都被认为是落后的、愚昧的，包括野生动物保护在内的环境事务必须遵从理性管理，社区居民不过是作为被动接受命令的客体的存在。与之相对，社区参与要求尊重少数民族的发展主体地位，以他们的需求为指针，外来的帮助也好，指导也好，都应当建立在尊重当地人的基础之上。要突破“发展的幻想”，钱宁先生指出，应当“通过社区能力建设和内源性的社区发展来解决。所谓社区能力建设实际是这样一种发展的观点，在全球化的背景下，处于不同地域和历史发展水平的民族，应该通过培养和提高自身的文化创造能力来应对全球化的大众社会和现代化的冲击，形成与外部世界的对话能力和自我发展的能力来促进自己的发展。而所谓内源性的社区发展，则是把少数民族社会的发展放到社区层面上理解，看作是基于社区能力提升的内生性需要。只有当发展的需要是源自于社区或少数民族内部，并且是符合于人们的实际状况的，由他们来完成的，这样的发展才是有利于少数民族的繁荣，促进民生的发展"[2]。

---

〔1〕 钱宁：“谁是西部发展的主体——论少数民族在西部发展中的地位与作用”，载《贵州民族学院学报（哲学社会科学版）》2003 年第 6 期。

〔2〕 钱宁：“谁是西部发展的主体——论少数民族在西部发展中的地位与作用”，载《贵州民族学院学报（哲学社会科学版）》2003 年第 6 期。

要尊重社区居民在野生动物保护中的主体地位，政府环境公共权力势必要改变自己的定位。秩序行政的特点在于强调行政机关对相对人的管制，主要涉及已经较为成熟的政治和经济领域的事务。而像野生动物保护这样复杂、充满不确定性，强调地方性知识运用的社会事务，秩序行政就难以依靠已有的经验来作出迅速和准确的判断，如果赋予政府环境公共权力过大的自由裁量权，就容易导致权力异化和寻租现象的发生，进而导致行政合法性的丧失。服务行政则要求政府环境公共权力认识到权力来自于人民的授权，权力行使的目的在于为社区居民在野生动物保护事务中提供各种服务和帮助，而不是代替乃至取消后者的作用。“服务行政是行政主体提供公共产品，满足民众公共需要的行政活动领域，在缺乏法律法规层面上的合法性基础和正当性来源条件下，更需要新的动力供给以有效支持行政主体的公共服务行为。笔者认为，构建社区参与，在行政过程中通过公众自下而上的有效参与为服务行政行为提供动力支持，是一个较为可行的实现途径。服务行政的兴起与凸显来源于社会民众；正是社会民众对自身生存照顾的不足以及其他公共需求的扩张才需要政府主动提供服务行政行为，从而实现社会公共福祉。通过公众参与制度，行政主体能够让社会公众参与到服务行政具体过程中，包括服务行政的启动、服务行政的推进以及服务行政供给的实现。在这些行政过程中，公众参与扮演着极为重要的角色，通过自下而上的运作模式能够为行政主体实施服务行政提供持续的动力保障。公众的参与，激发了行政主体提供公共产品和实现公共服务的动机，注入了行政主体与社会共同合作进行公共服务供给的力量，也促成了服务行政目标的实现。因此，服务行政的启动和服务宗旨的达成，有赖于公众广泛有效的参与；公众有效良性的参与，保证了服务行政基本内容的有效性和基本目标的方向性。”〔1〕

第五节 社区参与野生动物保护的实践

一、作为野生动物保护方法的战利品狩猎

如前所述，社会权力应当在地方环境事务中发挥更大的作用，而在野生动物保护中，笔者认为，社会权力要发挥作用，就是要尊重社区及社区群众的自主性，充分发挥其积极性。实践中，就是要在战利品狩猎中尽可能地使得当地社区的群众参与到野生动物保护中来，尊重他们的地方性知识，并使得他们在战利品狩猎中获得应有的效益，从而将野生动物保护与社区福祉联系起来。

依据考古调查资料，狩猎采集社会在人类历史上已有百万年的历史。〔2〕随着人类社会的不断发展，越来越多的野生动物正处于濒临灭绝的状态，于是现代国家纷纷通过立法来加强野生动物保护。不过，各国法律并不绝对禁止猎捕野生动物，这是因为，在得到严密的保护之后，一些野生动物会

〔1〕孙兵：“公众参与：服务行政的合法证成与动力供给”，载《河北法学》2010年第7期。

〔2〕查干姗登：“狩猎采集社会研究述评”，载《学术研究》2010年第5期。

在短期内大量繁衍，不但会威胁人类的安全，还会对生态环境造成破坏。所以，现代动物保护学认为，应当遵循科学管理的原则，适当地剔除特定野生动物种群中的一些个体，这不但能优化种群的内部结构，增强其生存能力，还能使不同野生动物种群之间的关系处于均衡状态，从而促进生态平衡。[1] 欧美国家率先将这种以自然科学为基础的野生动物管理方式与传统狩猎结合起来，向社会出售狩猎权，开展有偿狩猎，用收取的资金弥补当地生态保护所需费用的不足，同时造福当地社区带动经济发展，实现了人与自然的和谐相处。在学理上，这种有偿狩猎被称之为战利品狩猎，其特点在于狩猎人看重的是通过探险和竞技从而达到回归自然，体验自然的异质性，获得精神满足的目的，至于最终能否获得猎物并不是重点。由于能够实现经济效益和生态效益的双丰收，战利品狩猎迅速为发展中国家所采用，在非洲，乌干达、肯尼亚和南非等发展中国家就通过这种方式解决了野生动物保护与经济发展之间的矛盾。

在中国，修订后的2004年《野生动物保护法》允许在中国境内建立对外国人开放的狩猎场所不再需要得到国家林

---

〔1〕 动物保护学对剔除有严格的要求，一般而言，剔除的对象大多为脊椎动物。这类动物的种群发展主要取决于种群的密度，如果种群密度适当降低，个体所能占有的生存资源就会增长，相比密度较高时个体能够有更好的生存机会，从而使得整个种群具有更强大的生存竞争力。战利品狩猎并不是随意猎捕一定数量的个体，而是猎取种群中特定的个体（一般是大的雄性的年老个体），这种剔除个体的狩猎方式能够与种群的发展相互兼容，因而成为科学管理野生动物的一种手段。参见［美］理查德·B. 哈里斯：《消逝中的荒野——中国西部野生动物保护》，张颖溢编译，中国环境科学出版社2010年版，第200～205页。

业局的批准，而报国务院野生动物行政主管部门备案即可。[1] 目前，西部地区已成为我国战利品狩猎场最为集中的地方。到2011年为止，我国已建立了147个狩猎场，[2] 其中战利品狩猎场有65个，而且大部分都位于青海、甘肃、新疆、陕西和四川。这是因为西部地区生态环境的原始性得到了完整的保存，符合战利品狩猎对竞技和冒险的要求，而且那里的野生动物资源十分丰富，特有的盘羊、岩羊、马鹿、扭角羚、毛冠鹿等野生动物很适合作为猎物。

狩猎是一种杀死个体野生动物的行为，这与野生动物物种保护有关联吗？应当指出，中国境内的国际狩猎场开展的不是生存性狩猎，也不是商业性或为科研目的而进行的狩猎。这种狩猎是一种战利品狩猎活动，也称之为运动性狩猎，一般猎取的是脊椎动物。理查德·B. 哈里斯援引生物学家的研究认为，这类动物的种群发展取决于种群的密度，当种群密度较高时，种群则既不增长也不减少，相反地，如果种群密度降低，个体所能占有的生存资源就会增长，相比密度较高时个体能够有更好的生存机会，而战利品狩猎并不是追求获取一定数量的个体，而是猎取种群中的特定个体（一般是大的雄性个体），这种“剔除”个体的狩猎能够与种群的生存

---

〔1〕 该法第16条规定，禁止猎捕、杀害国家重点保护野生动物。因科学研究、驯养繁殖、展览或者其他特殊情况，需要捕捉、捕捞国家一级保护野生动物的，必须向国务院野生动物行政主管部门申请特许猎捕证；猎捕国家二级保护野生动物的，必须向省、自治区、直辖市政府野生动物行政主管部门申请特许猎捕证。第18条规定，猎捕非国家重点保护野生动物的，必须取得狩猎证，并且服从猎捕量限额管理。持枪猎捕的，必须取得县、市公安机关核发的持枪证。

〔2〕 “2011中国林业发展报告”，载 http://www.forestry.gov.cn/portal/jjyj/s/1585/content-510554.html，最后访问日期：2015年3月18日。

发展相互兼容，不会影响种群的数量。[1] 他的结论在生态学上得到了支持，[2] 总之，这种狩猎被认为相当于替换了自然死亡的个体数量，并且缓解了繁殖过快导致种群密度过大的弊端，有利于维系一定区域内的野生动物物种的平衡。战利品狩猎获取的猎物数量是非常有限的，这是由该行为侧重身心满足，因此不同于商业性狩猎对数量最大化的追求，后者出于盈利的目的，根本不可能尊重生态规律。

战利品狩猎得到法律的允许并不仅仅在于其被认为是一种顺应生态规律的行为，更重要的是，这是一种有偿开展的活动，无论国际还是国内战利品狩猎都要收取极高的费用。因此，对于中国这样的发展中国家而言，通过收取巨额费用以补贴野生动物保护资金的巨大缺口及促进当地社区的发展，代价则是在不违反生态规律前提下猎捕非常有限的野生动物个体，因而被认为是一种非常理想的措施。以 2006 年为例，经国家林业局核准可狩猎的野生动物包括了西部多个省区的盘羊、羚牛、白唇鹿、岩羊、藏羚羊等多种动物，按照标价，猎取一只藏原羚为 2500 美元，盘羊为 1 万美元，野牦牛则高达 3 万美元，而据国家林业局的统计，到 2005 年底，中国共接待国际猎人 1101 人次，狩猎收入总数为 3639 万美元，猎取的野生动物数量为 1347 头。[3] 考虑到上述数据是二十多

---

〔1〕 参见［美］理查德·B. 哈里斯：《消逝中的荒野——中国西部野生动物保护》，张颖溢编译，中国环境科学出版社 2010 年版，第 200 ~ 205 页。

〔2〕 关于战利品狩猎（运动性狩猎）与野生动物物种的生存发展之间的关系，参见暨诚欣："中国运动狩猎业可行性研究"，东北林业大学 2007 年硕士学位论文，第 31 ~ 38 页。

〔3〕 胡子："豪华狩猎　瞄准野生动物"，载《青岛画报》2007 年第 1 期。

年来的统计，而且狩猎的野生动物种类也较为分散，由此带来的收益却如此之高，因此法律鼓励以战利品狩猎来换取西部地区的发展及自然保护所需经费就不奇怪了。

当然，这些狩猎在理论上都得到了生态学的论证，而且狩猎的场所、时间、工具、猎取对象都经过了严格规定，以保证野生动物物种的存续。[1] 由于参与这种狩猎费用之高，实际上只有国外热衷这种运动的富人才有能力负担，因此，战利品狩猎在中国实际上是一种在对外国人开放的国际狩猎场进行狩猎的活动。

二、西部地区战利品狩猎的现状

在中国，外国人在境内开展战利品狩猎一般是通过海外代理机构向有关部门提出申请。理查德·B. 哈里斯援引相关研究（Liu，1995）注意到，多数代理机构都要扣留 15% ~ 20% 的佣金，所以达到中国的资金价格是公布价格的 80% ~ 85%，国外的代理机构会把剩下的资金转给设在北京的代理机构，这些机构在扣除上述的份额后，把剩余资金转给国家林业局的野生动物保护司，在 20 世纪 90 年代的青海和甘肃，有一个不公开但却一再被告知的政策是，资金的 20% 被用于

---

〔1〕 娱乐性狩猎权的正当性非常复杂，一般来讲，当娱乐性控制在生态规律的作用范围之内时，确实有利于野生动物种群的保护，战利品狩猎是一种对娱乐有着严格限定的行为，不同于仅仅出于纯粹取乐而进行狩猎的行为。不过，对于这一点，并不是所有的生物学家和哲学家都能认可。一方面，野生动物物种纷繁复杂，战利品狩猎宣称只是猎取那些本应被大自然剔除生态位的物种个体的说法，并不是对于任何物种个体都适用的；另一方面，战利品狩猎的后果充满不确定性，有可能对野生动物物种的个体造成超乎预期的伤害。

国家层面的管理，30%用于省一级的管理，5%拨到州一级，剩下的45%拨到县。同时，其他的非正式报道指出，在国家层面16%的资金首先被扣除，用以资助中国濒危动植物物种进出口管理办公室，所以到达县一级的资金大约为狩猎者支付总额的30%。[1] 就资金的具体流动而言，哈里斯以他所调查过西部地区的国际狩猎场为例得出结论，外国狩猎者交付的巨额费用只有很小一部分留给了最基层的狩猎场，而狩猎场在费用经过层层地抽取（有的是自上而下被各级管理机构抽取，有的是被狩猎代理机构抽取，有的是与狩猎相关的其他费用等等）之后所得到的份额在有些地方甚至都无法维持狩猎场所的基本运转，有的要负债运转以至于需要向县政府贷款。哈里斯细致入微而又令人信服地描述了这种资金反常流动的现象，这里不再赘述。事实上，今天中国几乎所有的国际狩猎场都存在经营困难，这与法律鼓励富有的外国狩猎者前来狩猎形成了鲜明的对比。就在毗邻中国的巴基斯坦，同样属于不发达国家，在那里国内狩猎总收入的75%或80%都留在了狩猎所在地。[2] 在中国，狩猎费用的分配在法律上没有得到规定，只是按照政府环境公共权力内部的分配方法执行，甚至可能根本连一套形式上的分配方法都不存在，异化的缺乏外部监督的政府环境公共权力想要抽取资金是非常容易的事情。

与资金的反向流动相应的是，西部当地社区的少数民族

---

〔1〕［美］理查德·B. 哈里斯：《消逝中的荒野——中国西部野生动物保护》，张颖溢编译，中国环境科学出版社2010年版，第209页。

〔2〕［美］理查德·B. 哈里斯：《消逝中的荒野——中国西部野生动物保护》，张颖溢编译，中国环境科学出版社2010年版，第209～214页。

实际上被排除在从战利品狩猎中受益的范围之外。首先，资金大多都留在了社区之外，被远在省城和北京的各种管理机构拿走，社区本身并不能从中受益；其次，当地的狩猎场雇佣的基本都是所在社区的少数民族，虽然这些少数民族最熟悉当地的地理环境，也具备对当地野生动物的认识和参与保护的热情，但他们并没有在野生动物保护事务上的发言权，他们更多的是被作为雇佣人员履行职务而已。而且，由于中国西部的狩猎场多建立于自然保护区内，而区内土地权属不明，所以狩猎场的工作人员没有权利为狩猎进行必要的土地管理，这也挫败了社区居民的积极性。例如，甘肃阿克塞县哈尔腾狩猎场的所在地同时也是当地牧民放牧的场地，二者在时间和空间上经常是互相冲突的。[1]

战利品狩猎被认为对西部地区的野生动物保护提供了资金，并且支持了当地社区的发展。然而，这种发展只是一种幻觉。以少得可怜的资金及排斥社区的参与是不可能换取当地社区居民对野生动物保护的认同的。笔者强调的是资金没有留在社区里，而是实际上被远离野生动物保护实务但却掌握着管理权力的各级政府机构拿走，这意味着即使有相当比例的资金留在了县一级也无济于事，资金只有切实地留在社区才是战利品狩猎发挥作为野生动物保护方法的正确途径。否则，社区居民不会有动力保护野生动物，因为他们的牺牲得不到补偿，反而可能助长偷猎行为的发生。

---

〔1〕 龚明昊、宋延龄、阿布塔里莆·阿利：“甘肃阿克塞哈尔腾国际狩猎场的可持续经营对策研究”，载《四川动物》2007 年第 1 期。

三、解决西部地区战利品狩猎问题的对策

笔者认为要解决上述问题，从法学角度看就是要尽快完善和统一相关立法。在此基础之上，一方面，立法应当明确政府的职责，合理配置权力；另一方面，要在制度上保障当地少数民族群众的参与，尊重他们的生态智慧，相信他们的自我管理。

（一）制定统一的战利品狩猎管理条例

应尽快制定一部国家层面的战利品狩猎管理条例，将战利品狩猎全过程纳入法制管理的轨道。首先，立法的目的要坚持正确的价值取向，要明确规定战利品狩猎是保护野生动物的重要手段，公益性而非经济性是政府管理的最终目标。其次，立法要对各级政府的职责作出详细规定，权力的配置应向承担主要工作的基层政府倾斜。国家林业局应当简政放权，主要负责战利品狩猎的宏观调控和业务指导，具体的事项如可猎捕野生动物的种类及狩猎配额的确定、狩猎人申请的审核、狩猎人资格的认证、狩猎期和禁猎期的确定、狩猎场的规划建设标准、狩猎工具的管理、猎物的处理、狩猎安全保障、狩猎事故的应急处理、狩猎信息的发布等，应当将相应的管理权力配置给西部地区的基层政府，西部地区的省级政府主要负责对基层政府进行法律监督。

（二）制定单独的战利品狩猎资金管理办法

对于战利品狩猎资金的管理，从立法技术上看更适宜单独制定统一的管理办法，战利品狩猎管理条例只需作出原则性规定即可。对于资金的分配，将大部分资金留给狩猎场所在地的基层政府不但是现实需要，也符合行政法财权与事权

相匹配的基本原理。从国外的经验看，毗邻西部地区的巴基斯坦，其国内狩猎总收入的75%或80%都留在了狩猎场所在地。美国蒙塔那州的野生动物管理部门每年预算的90%来源于出售狩猎执照的收入。[1] 有鉴于此，立法必须根据西部地区的实际情况，规定留给当地资金的最低比例，笔者认为这一比例应以70%为宜。上级政府只能严格按照法定比例抽取必要的管理费。对于资金的收取，应当改由狩猎场所在地基层政府收取，之后再依法逐级向上级政府缴纳管理费，这样可以避免原先资金自上而下转移时被随意克扣。对于资金的使用，要加强财政监管，明确收支两条线，保证专款专用，资金只能用于野生动物保护、狩猎场工作人员的工资以及对受损的农牧民进行经济补偿，不得用于无关的行政开支。

（三）积极行使立法变通权

我国《宪法》、《立法法》和《民族区域自治法》的有关规定[2]确立了民族自治地方享有立法变通权，西部地区

---

〔1〕 蒋志刚："野生动物的价值与生态服务功能"，载《生态学报》2001年第11期。

〔2〕《宪法》第116条规定，民族自治地方的人民代表大会有权依照当地民族的政治、经济和文化的特点，制定自治条例和单行条例。自治区的自治条例和单行条例，报全国人民代表大会常务委员会批准后生效。自治州、自治县的自治条例和单行条例，报省或者自治区的人民代表大会常务委员会批准后生效，并报全国人民代表大会常务委员会备案。《立法法》第75条第2款规定，自治条例和单行条例可以依据当地民族的特点，对法律和行政法规的规定作出变通规定，但不得违背法律或者行政法规的基本原则，不得对宪法和民族区域自治法的规定以及其他有关法律、行政法规专门就民族自治地方所作的规定作出变通规定。《民族区域自治法》第28条第1款规定，民族自治地方的自治机关依照法律规定，管理和保护本地方的自然资源。这为西部地区民族自治地方进行生态变通立法提供了依据，但从实践来看，当地很少使用立法变通权。

的民族自治地方完全可以在不违背宪法和法律基本原则的前提下，整合《土地管理法》、《森林法》、《草原法》、《野生动物保护法》和其他法律法规中涉及战利品狩猎的内容，进行变通立法，对国家尚无规定的事项先行作出规定。例如，加大打击跨区域的非法偷猎行为是战利品狩猎顺利开展的必要条件，从以往经验来看，各地管辖范围的交汇处往往是偷猎的多发区域，[1] 西部地区的民族自治地方应当努力进行制度创新，协调不同辖区的公安部门建立常规性的联动执法机制，为狩猎创造良好的环境。

第六节 完善少数民族群众参与管理的法律制度

一、加强基层自治组织建设

我国《宪法》规定了村民自治制度，这意味着基层的村镇实行自治是一种被明确规定了的权利。同时，村民自治是宪法确立的公民基本权利的内在要求，因此又是村民个人的一项基本权利。从村民自治的权利属性来看，《村民委员会组织法》第 2 条规定村民委员会是村民自我管理、自我教育、自我服务的基层群众性自治组织，实行民主选举、民主决策、民主管理、民主监督。这说明，村委会是法定的基层群众自治组织。据此，立法应当规定少数民族群众所在村镇

---

〔1〕 林森："论新疆野生动物资源保护措施的完善"，载《安徽农业科学》2012 年第 29 期。

的村委会有权作为他们的代表对外与政府和其他各方进行协商，有权向政府提交建议，政府决策必须听取少数民族群众的意见。为避免协商流于形式，立法应当将协商制度法定化，并对协商程序和协商结果的法律效力作出详细规定。从村民自治的权利属性来看，在基层自治组织内部，应当切实将知情权、决策权、监督权等移交到少数民族群众手中，实行民主管理。根据战利品狩猎对少数民族群众切身利益的影响程度，制定差异化的表决办法。总之，这种参与是拥有决策权的参与，是内源性的参与，是少数民族群众提升自己管理能力的内生性需要，[1]而不是简单的参加。此外，由于我国目前按照户籍来确定村民资格，可能会导致一些长期在当地居住并与战利品狩猎有利害关系的外来人员被排除在外，应比照《村民委员会组织法》第13条第2款[2]的规定，设置申请程序使他们可以参与进来。

二、建立战利品狩猎民间协会

鼓励少数民族群众建立战利品狩猎民间协会，一方面可以集思广益，更有效地集中他们的诉求，防止基层自治组织的不作为；另一方面，民间组织可以弥补政府管理的不足。

---

〔1〕 钱宁：“谁是西部发展的主体——论少数民族在西部发展中的地位与作用”，载《贵州民族学院学报（哲学社会科学版）》2003年第6期。

〔2〕 根据该法第13条第2款第3项的规定，户籍不在本村，在本村居住一年以上，本人申请参加选举，并且经村民会议或者村民代表会议同意参加选举的公民可以列入参加选举的村民名单。那么可以类推，他们应该同时也可以在本村行使民主管理的权利。参见陈叶兰：“论农村环境自治权”，载《武汉理工大学学报（社会科学版）》2012年第1期。

世界上多数国家都成立了与狩猎有关的民间协会，实行自律管理，[1] 并取得了良好的效果。我国立法应当明确民间协会的独立法律地位，简化注册手续，减免税费，鼓励其与环保NGOs合作。

三、鼓励发展战利品狩猎周边产业

立法应当鼓励少数民族群众发展周边产业，并将优惠措施法定化，这有利于赢得少数民族群众对战利品狩猎更广泛的支持和参与。例如，旅游主管部门应优先考虑向当地那些资金、技术和人员水平较低的个人和中小型企业提供必要的技术支持及一定数量的资金，帮助他们提高文化教育水平，鼓励他们参与狩猎旅游及饭店业、商业、手工艺品制造业和交通运输业等相关行业的建设与发展。[2]

四、正确处理制定法与少数民族习惯法的关系

少数民族群众热爱自己的家乡，在与当地生态环境长期的互动中形成了独特的地方性知识，这种知识与他们的传统文化和宗教信仰相结合，形成了一套本民族成员都应遵守的行为规范。与制定法不同，它是一种耳濡目染潜移默化内置于个体成员的日常行为方式中而发挥作用的环境习惯法。它对于生活于其内的成员而言是先在性的，同时也是给定性的，基于对祖辈经验知识的尊重，这些知识对于群体成员具有不

---

〔1〕 赵殿升："世界狩猎业管理"，载《野生动物》1993年第6期。

〔2〕 马鹏："基于可持续发展观下的我国狩猎旅游发展策略探究"，载《北京第二外国语学院学报》2007年第7期。

可挑战的权威性。〔1〕例如，藏族的环境观念深受藏传佛教的影响，特别重视保持生态环境的稳定状态，尽可能地避免杀生。〔2〕西部地区很多少数民族，如回族、东乡族、保安族、撒拉族、维吾尔族、柯尔克孜族、塔吉克族、乌孜别克族等，都信仰伊斯兰教，在斋戒期间和禁地内不准打猎。〔3〕政府制定的法律如果偏离了这些民族习惯法，就难以形成合理的、得到普遍和长期认可的正当秩序，执行成本也会提高很多，甚至根本得不到执行。〔4〕所以，政府需要整合习惯法中关于野生动物的内容，然后有选择地引入制定法，对于制定法没有规定或不便规定的事项，要允许习惯法补充适用。也就是说，战利品狩猎开展的具体方式、狩猎的时间地点、猎物的处理等应当因地制宜作适当的安排，要尽可能与当地的村规民约保持一致。

---

〔1〕韦志明、冉瑞燕："论环境习惯法的环保效力"，载《青海民族研究》2013年第3期。

〔2〕甘措、彭毛卓玛："论藏族民间环保习惯法之思想渊源"，载《青海民族研究》2008年第3期。

〔3〕房若愚："新疆少数民族传统信仰中的生态保护意识"，载《新疆师范大学学报（哲学社会科学版）》2007年第1期。

〔4〕韦志明："民族习惯法对西部生态环境保护的可能贡献"，载《内蒙古社会科学（汉文版）》2007年第6期。

第五章

野生动物保护与人的环境权益保护之平衡

所有的环境问题究其本质，并不是环境自身的问题，而是人的问题。在生存资源有限的情况下，有时对野生动物的保护不得不要求特定人群放弃和牺牲自己原先享有的权益，而受到影响的特定群体的态度如何，又会对野生动物保护的效果产生影响。因此，野生动物保护不能脱离实际，对人的环境权益不管不问，而是必须把二者统一起来作综合考虑。当前较为突出的问题有两个：一是小民族的狩猎权问题；二是野生动物致害的法律问题。

第一节　小民族的狩猎权问题

一、狩猎文化的消亡

在中国的语境下，费孝通先生把人口相对较少、传统文化相对简单，在现代社会显示出诸多不适应，甚至存在生存危机的这一部分民族界定为小民族。[1] 学者何群认为，“简单文化”是小民族适应特有单一环境的结果，具有两个特点：一是文化简单，具体表现为生产方式较为原始，人口较少，社会组织较为松散，小民族的文化受其所在环境影响很大。二是容易受到环境的约束，适应环境急剧变化的能力较差。小民族的文化即使在其鼎盛时期也局限于所处的既定地区，一旦环境改变，其很容易受到影响。[2] “简单文化”的典型代表是狩猎（游猎）文化，这种形态的文化的发展和延续直接与生物多样性相关，也最容易受到环境变化的影响。

在中国，鄂伦春族和鄂温克族中的一个分支是以狩猎文化著称的民族，其在现代社会中的境遇一直备受关注。鄂伦春族的基本社会组织形式是“乌力楞”，这是一种游猎公社，其构成和运作是围绕着狩猎而发展起来的，因而与农业公社和牧业公社差别很大。鄂伦春族的经济来源主要以打猎为主，辅以采集和家庭手工业，缺乏私有制产生的土壤。[3] 鄂温克族是横跨中俄边境居住的民族，在中国境内的鄂温克族根据所从事的生产方式及其所处的自然环境，可以划分为牧业鄂温克族、农业鄂温克族和狩猎鄂温克族。其中，狩猎鄂温克族是指居住于大兴安岭西北，今根河市敖鲁古雅鄂温克民族

---

〔1〕 何群：《环境与小民族生存——鄂伦春文化的变迁》，社会科学文献出版社 2006 年版，第 4～5 页。

〔2〕 何群：“环境与小民族生存”，载《世界民族》2006 年第 6 期。

〔3〕 都永浩：《鄂伦春族游猎·定居·发展》，中央民族大学出版社 1993 年版，第 27～135 页。

乡的鄂温克族。[1]

早在清末民初时期，政府就已经在鄂伦春族中推行“弃猎归农”，但是并不成功。1949年之后，鄂伦春族的社会形态发生了三次大的转变：第一个阶段是中华人民共和国成立之后，鄂伦春族先是从以狩猎为主的原始社会向社会主义社会过渡；第二个阶段是1958年全旗内的鄂伦春族实行全部定居，从游猎转向“有计划”的狩猎；第三个阶段是1996年1月，国家对鄂伦春族实施全面禁猎的政策，开展“禁猎转产”，转向农业生产，这使得狩猎经济的形态彻底消失。伴随着狩猎管制力度不断加强的同时，也是一个国家管理体制的全面扩散、外地移民的大量涌入、现代农业和林业生产形式在当地开展的过程。伴随着上述自然环境与社会环境的剧变，鄂伦春族人口在当地所占比例不断下降，1953年占当地人口84%，1990年则为0.6%；各种外来人口和生产组织形成大量占绝对优势的新社区，这对鄂伦春传统的“乌力楞”造成了巨大的压力，不断出现认同困扰和社会失序；与此同时，当地的自然环境不断恶化，野生动物数量锐减，导致鄂伦春族维持传统生活的物质基础的丧失。[2] 鄂伦春族在转产之后表现出了强烈的不适应，这一点在大量的民族学和人类学文献中可以找到描述，本书不再赘述。与鄂伦春族情况相似的是鄂温克族狩猎生活的终结。1949年之后，鄂温克族也

---

〔1〕包路芳：《社会变迁与文化调适——游牧鄂温克社会调查研究》，中央民族大学出版社2006年版，第36~38页。

〔2〕何群：“清以来大小兴安岭环境与狩猎文化的生态人类学观察——鄂伦春族个案（下）”，载《满语研究》2007年第2期。

有过在政府主导下三次实行定居政策的经历：第一次是1957年从散居山林到在额尔古纳河的奇乾乡定居；第二次是1965年从奇乾乡转到敖鲁古雅乡；第三次则是2003年的再一次"生态移民"，猎民有组织地定居到山下，政府为此提供了大量的物质投入。

小民族狩猎文化随着全面禁猎的实施而成为历史。探究这一过程的发生原因，有两个方面的因素最为重要：一是客观原因，即自然环境的改变；二是外力的强势推动，也就是政府主导的结果。实际上，第一个原因又是第二个原因所致。根据何群先生的研究，鄂伦春族生活环境的改变表现在两个方面：一是不合理的森林开发与影响。鄂伦春族居住的大、小兴安岭地区是典型的森林生态系统，包括鄂伦春族在内的生命体与其协同进化、共生共荣，彼此之间达成了平衡。尽管清政府于1880年取消对东北地区的封禁，但由于当地地理环境偏远，交通不便，鄂伦春族的狩猎生活虽受到一定影响，但这种影响有限，他们依然保存了完整的狩猎文化形态。20世纪50年代以后，森林生态系统由于国家的开发利用计划，大量的现代林业砍伐导致原生森林基本消失，直接后果就是大量的野生动物物种的消失。同时，各种对水湿地的改造也造成了严重的水土流失。二是不合理的耕地开发。大量移民的涌入，为解决粮食问题而毁林开荒，导致人为灾害不断，环境日趋恶化。[1] 由此可知，狩猎经济和文化的消亡，实际上是外力推动的结果，而不是鄂伦春族的狩猎行为本身所致。

---

〔1〕 何群：《环境与小民族生存——鄂伦春文化的变迁》，社会科学文献出版社2006年版，第351～352页。

狩猎文化的消亡是一个普遍的现象，“由于全球范围内对于狩猎民族所居住的生态环境的开发以及生产方式等的变化，狩猎采集民社会已由萨林斯所说的为‘原始的富裕社会(original affluent society)’正在变为‘文明的贫困社会’”。[1]一方面，狩猎民族生活的地区自然资源丰富，任何现代国家都不可能放任而不予利用，通过暴力或者法律的手段，现代国家宣称对这些自然资源拥有绝对所有权，简单文化遇到强势的现代文化，自然就只有让路；另一方面，狩猎民族的文化被视为落后的象征，必须通过政府家长主义式的“帮助”和“引导”才能使他们“走向光明”，这一观念几乎是所有现代国家政策的思想根源。

二、私法视角下的狩猎权

（一）狩猎权的概念

中国现行法律中并没有明确规定狩猎权，对这一概念的探讨还处于学者们的学理分析之中。一般认为，狩猎权的概念可以从《野生动物保护法》的规定推导出来。

《野生动物保护法》第16条规定：“禁止猎捕、杀害国家重点保护野生动物。因科学研究、驯养繁殖、展览或者其他特殊情况，需要捕捉、捕捞国家一级保护野生动物的，必须向国务院野生动物行政主管部门申请特许猎捕证；猎捕国家二级保护野生动物的，必须向省、自治区、直辖市政府野生动物行政主管部门申请特许猎捕证。”第18条规定：“猎

---

〔1〕 麻国庆：“开发、国家政策与狩猎采集民社会的生态与生计——以中国东北大小兴安岭地区的鄂伦春族为例”，载《学海》2007年第1期。

捕非国家重点保护野生动物的，必须取得狩猎证，并且服从猎捕量限额管理。持枪猎捕的，必须取得县、市公安机关核发的持枪证。”

王利明先生认为狩猎权是指“对于非国家重点保护的野生动物，狩猎人取得狩猎证后，在服从猎捕量限额管理的范围内享有狩猎的权利”[1]。曹明德先生也赞同这一理解。[2]宁红丽先生认为狩猎权是指“人们依法定程序取得的猎捕、捕捞野生动物，取得猎获物所有权的权利”[3]。刘宏明先生不采用狩猎权的概念，而是以猎捕权指称，“猎捕权是指使用一定的猎捕工具或者方法，获取自然状态下的野生动物及其产品并排斥他人干涉的权利”。广义上的猎捕权是指对一切野生动物及其产品享有的猎捕的权利，狭义上的猎捕权仅指对《野生动物保护法》等法律法规规定的野生动物享有的猎捕的权利。[4] 还有学者认为既然法律将野生动物划分为重点保护和非重点保护两大类，并且重点保护野生动物并非绝对禁止捕猎，因此狩猎权又可以划分为特许猎捕权和狩猎权，前者针对的是重点保护野生动物，后者则是针对非重点保护野生动物。据此，崔建远先生认为：“特许猎捕权，是指自然人、法人和其他组织经野生动物行政主管部门许可，取得特许猎捕证，依其规定的种类、数量，甚至地点和期限进行捕捉、捕捞国家一级或二级保护的野生动物的权利”；“狩猎

---

〔1〕 王利明主编：《中国物权法草案建议稿及说明》，中国法制出版社2001年版，第417页。

〔2〕 曹明德：《生态法原理》，人民出版社2002年版，第505页。

〔3〕 宁红丽：“狩猎权的私法视角界定”，载《法学》2004年第12期。

〔4〕 刘宏明：“浅议猎捕权法律问题”，载《中国林业》2004年第13期。

权，是指猎人经野生动物行政主管部门许可，取得狩猎证，依其规定的种类、数量，甚至地点和期限进行猎捕的权利。"[1]

戴孟勇先生在与崔建远先生合作的《准物权研究》一书中认为，王利明先生将狩猎权的客体界定为非国家重点保护动物范围过于狭窄，忽视了《野生动物保护法》第16条第2款的规定。同时，采取“狩猎权是……狩猎人……享有狩猎的权利”的表述忽视了狩猎权人依法取得猎获物的所有权的功能，而且该定义只强调服从猎捕量限额管理的范围，没有注意到《野生动物保护法》第19条关于“猎捕者应当按照特许猎捕证、狩猎证规定的种类、数量、地点和期限进行猎捕”的限制性规定。[2] 而对于在学理上作出特许猎捕权和狩猎权的区分，戴孟勇先生认为两种权利在本质上并无不同，区分的意义不大，建议应当统一用狩猎权的概念，然后在对狩猎权予以具体分类时再表明二者之间的区别。[3] 对于宁红丽先生的观点，戴孟勇先生认为这种观点将狩猎权的客体界定为野生动物，远远超出了《野生动物保护法》的规定，而且强调“依法定程序取得”意味着狩猎权只有通过行政机关的许可才可以获得，这忽视了通过定价出售、拍卖等途径设立狩猎权的可能性，不必要地限制了狩猎权的取得方式。[4] 事实上，王利明先生的观点同样强调“特别法上的物权具有

〔1〕 崔建远:《土地上的权利群研究》，法律出版社2004年版，第244页。

〔2〕 崔建远:《准物权研究》，法律出版社2012年版，第353页。

〔3〕 崔建远:《准物权研究》，法律出版社2012年版，第353~354页。

〔4〕 崔建远:《准物权研究》，法律出版社2012年版，第354~355页。

行政许可的特点，即此种权利在设定时必须要取得政府行政部门的批准，并且对于权利的行使，政府要进行必要的管理和监督"[1]。这显然存在和宁红丽先生观点相同的缺憾。对于刘宏明先生的观点，戴孟勇先生认为，将狩猎权的客体扩张到野生动物产品，不符合《野生动物保护法》第16条和第18条第1款的规定。[2] 结合上述分析，戴孟勇先生认为，狩猎权是指权利人依法在特定的狩猎场所内猎捕受《野生动物保护法》保护的可猎捕野生动物并取得其所有权的权利。笔者认为，这一定义从法律上准确界定了狩猎权的特征，并避免了其他观点的不足。

（二）狩猎权的法律性质

崔建远先生认为狩猎权（hunting rights）是准物权（quasi－property）的一种形式。[3] 物权法上有自物权与他物权的区分，前者是后者的母权，而后者则是从前者派生出来的权利。这也就是说，自物权与他物权"分享"的是同一个客体上的权益，确定他物权的母权的关键在于先要确定准物权的客体，循着这样的思路就可以确定他物权的母权。

从私法的角度看，完成一个狩猎行为实际上涉及两方面的因素：首先，狩猎需要在一定的场所中进行，必然要与对土地的使用发生关系；其次，由于法律已经规定了野生动物资源的所有权，所以狩猎野生动物必然要与这种所有权发生关系。在中国，土地资源和野生动物资源的所有权都归属国

---

〔1〕 王利明：《物权法研究》，中国人民大学出版社2002年版，第612页。
〔2〕 崔建远：《准物权研究》，法律出版社2012年版，第355页。
〔3〕 崔建远：《准物权研究》，法律出版社2012年版，第18页。

家，因此，狩猎权的母权是土地资源所有权和野生动物资源所有权。也正因如此，狩猎权的客体具有一定的复合型和不确定性。复合性是指狩猎权的客体必须同时包括特定的狩猎场所和生活于其中的特定种类的可猎捕的野生动物；不确定性是指野生动物由于其具有流动性从而表现出一定的不确定性。由于狩猎权的行使必然要对土地进行使用，所以一般狩猎权人不必再另行取得土地使用权，但对土地的使用应以狩猎需要为限。狩猎权人成功完成狩猎行为后就取得了所猎获的野生动物的所有权，这是因为狩猎权行使的前提是取得有关机关的批准，成功的狩猎是国家所有权向权利人转移的过程。此外，狩猎权受到公法的诸多限制，其取得需要经过行政许可程序，违反法律行使这一权利的，有可能会被吊销证照。〔1〕

三、解决小民族狩猎权问题的思路

1996 年 1 月 23 日鄂伦春自治旗正式发布禁猎布告，一共有八条内容。其中，第 1 条要求“纠正‘野生无主，谁猎谁有’的错误意识”，第 2 条明确“野生动物资源属于国家所有。禁止任何单位、个人（包括猎民）非法猎捕、收购、加工野生动物及其产品”〔2〕。同年 2 月 8 日发布的《鄂伦春自治旗政府禁止猎捕野生动物实施细则》第 5 条规定：猎民

---

〔1〕 戴孟勇：“狩猎权的法律构造——从准物权的视角出发”，载《清华法学》2010 年第 6 期。

〔2〕 吴雅芝：《最后的传说——鄂伦春族文化研究》，中央民族大学出版社 2006 年版，第 238 ~ 239 页。

的枪支由猎区乡镇收回后，送交旗林业行政主管部门封存，其他枪支由公安部门统一收缴。据政府负责人解释，“收回”与“收缴”性质不同。“收回”照顾了猎民是国家合法持枪者的权利，只是出于国家利益而做出民族利益的让步和牺牲，依实际情况，存在“发回”的可能；“收缴”是执行、捍卫法律权威，是依法办事的措施。[1]

鄂伦春族传统观念中的“野生无主，谁猎谁有”之所以被认定为“错误”的，根本原因在于野生动物资源归属国家所有，所以对其猎捕必须事先取得行政许可，否则就是非法行为。而对于法律规定属于国家所有范围以外的那些野生动物，通过收缴枪支等狩猎用具从而事实上否定了所有狩猎的可能性。枪支的管理是由1996年颁布的《枪支管理法》来规定的，尽管该法允许申请人配备枪支，却没有规定公安部门应当根据什么条件予以批准。中国对枪支严格的管制制度涉及多方面的考虑，实践中批准配备用于狩猎的枪支几乎是不可能的事情。

尽管政府事实上禁止小民族狩猎，但另一方面，这并不意味着政府禁止狩猎本身。事实上，政府允许开展商业性质的狩猎。对这个问题的理解首先需要对狩猎的种类作出学理上的划分。戴孟勇先生认为，根据权利人取得及行使狩猎权目的的不同，可以将狩猎权区分为生存性狩猎权、娱乐性狩

---

〔1〕 何群：《环境与小民族生存——鄂伦春文化的变迁》，社会科学文献出版社2006年版，第354页。

猎权、商业性狩猎权、防护性狩猎权和公益性狩猎权。[1] 生存性狩猎权是指权利人为获取一定的生活资料或维护传统文化而取得及行使的狩猎权。鄂伦春族和鄂温克族传统的狩猎行为就属于这一类狩猎权的表现。娱乐性狩猎权是指权利人为进行娱乐或者获得猎物战利品价值而取得及行使的狩猎权。这一类狩猎权的主要目的并非在于获取野生动物的经济价值，而是追求精神体验。商业性狩猎权是纯粹为了经济利益而进行的狩猎活动。在中国，原则上不允许狩猎法律所重点保护的野生动物，但是并未禁止猎取非重点保护野生动物。防护性狩猎是指当野生动物严重危害人的生命财产安全时，有针对性的消除部分野生动物的行为。公益性狩猎权是指为科研需要而猎取野生动物的行为，由于其目的的特殊性，这种猎取方式受到法律的严格控制。

笔者认为，上述对狩猎权的分类中，商业性狩猎权应当逐步取缔，这种狩猎权完全是人类中心主义思想的产物，野生动物被当作毫无内在价值的自然资源，而且其指向的对象绝大多数属于有感受能力的野生动物，猎取这些野生动物完全不具备伦理上的正当性，而且有违生态文明建设的宗旨。虽然私法理论确实可以对其作进一步的阐释，但这种阐释关注的是如何“物尽其用”，不能回答我们如此对待野生动物在道德上的正当性。允许人类的非基本利益压倒野生动物的基本利益在伦理上是错误的行为，这一点，无论是个体主义的野生动物保护还是整体主义的野生动物保护，结论应当都

---

〔1〕 戴孟勇：“狩猎权的法律构造——从准物权的视角出发”，载《清华法学》2010 年第 6 期。

是一致的。至于娱乐性狩猎权，即战利品狩猎，如第四章所述，作为一种保护措施有其合理性，只要控制和管理得当，是可以推广加以运用的。防护性狩猎权可以得到道德上的辩护，因为此时发生了人类基本利益与野生动物基本利益的冲突，需要作出伦理上的抉择。原则上，应当选择保护人类的基本利益。公益性狩猎权的目的是满足科研需要，而且法律对于猎取的对象和方式作出了严格限制，原则上也可以得到正当性辩护。最后，对于生存性狩猎权，由于行使目的是为了满足基本生存需要，而不是为了追求商业利益，属于人的基本利益，因此可以得到伦理上的辩护。但是，这种类型的狩猎权应当仅限于那些依然保持狩猎采集生活方式的土著人民或少数民族，并且行使范围也局限于其居住的土地之上。笔者认为，生存性狩猎权的本质是一种人权，它与生存权和发展权有着紧密联系，但不能被这两种权利所涵盖。因为这种狩猎权虽然承载着土著人民的生存可能性，但却远不局限于生存或发展本身，而是更多地体现着土著人民的文化特征，关涉土著人民的自我认同，因而是一种与其环境密切联系的精神性权利。笔者认为，将其解释为环境人权更为准确。

就中国而言，生存性狩猎权的法律主体应当是以狩猎采集为其文化特征的少数民族及其个体。这种权利只在其传统生活区域内有效。从国外经验来看，在蒙古、哈萨克斯坦和吉尔吉斯斯坦，当地以维持生活为目的的狩猎依然是合法的。[1] 为防止权利滥用，生存性狩猎权不得转让，不得设置

---

〔1〕［美］理查德·B. 哈里斯：《消逝中的荒野——中国西部野生动物保护》，张颖溢编译，中国环境科学出版社2010年版，第252页。

抵押，防止生存性狩猎变为商业性狩猎和娱乐性狩猎。

第二节 野生动物致害补偿的法律问题

一、野生动物保护与生态补偿制度的关系

自然保护区既然不可能排除社区居民的存在，这就意味着必须重新定位人地关系。与一般允许社区居民利用保护区内的自然资源谋生不同，野生动物保护要求的却是尽量不干扰它们的生存，因而要限制社区居民的行为，社区居民为此肯定要在经济上做出一定的牺牲，而且野生动物不是道德主体，无法承担道德责任，可能会对社区居民造成危害，人地关系因为冲突而走向极端。这需要构建相应的野生动物致害补偿制度以弥补社区居民的损失。笔者认为，这种致害补偿制度可以纳入到生态补偿的框架之下。

对于生态补偿的法学定义目前并没有一致的意见，不过，总的来看，无论哪种解读都具有三个相同之处：首先，具有相同的理论来源，即生态补偿是建立在生态系统平衡理论、生态资本理论、环境外部成本内部化理论、权利义务对等理论基础之上的。其次，生态补偿的最终目的是为了保护或恢复生态系统的生态功能或生态价值，鼓励环境保护抑制生态破坏，使资源和环境被适度、持续地开发、利用和建设，从而达到经济发展与保护生态平衡相协调，促进可持续发展的最终目标。最后，生态补偿的内涵，包括以下三个基本层面，即对遭受破坏的生态环境进行恢复与治理；对破坏生态环境

的行为采取惩罚性措施；对因保护环境而丧失发展机会的社会群体进行经济补偿。

实际上，对生态补偿的范围可以归结为两个方面：一方面是对生态环境的补偿，即对物的补偿，补偿的方式一是直接进行的恢复、补充生态功能和生态效益的活动，即对已经遭受破坏的生态环境进行治理、修复、整治；二是间接进行的恢复、补充生态功能和生态效益的活动，即减少污染和破坏环境的活动。另一方面是对在生态环境的直接补偿活动中作出贡献者和利益损失者所进行的经济补偿，即对人的补偿。此外，生态补偿的实施需要国家或社会主体之间通过一定的途径，由生态建设或生态保护的受益者向环境利益受损者给予一定的补偿。[1]

综上，生态补偿简言之就是对于自然保护区内的社区居民为环境保护而做出的牺牲予以补偿的制度。就野生动物保护而言，生态补偿制度的运用意味着对于保护野生动物给当地社区居民造成的财产损失，应当通过法律手段予以弥补。一方面，野生动物保护的受益者是民族国家的全体国民，政府作为国民和社会公共利益的代表有义务对社区居民的损失予以补偿。另一方面，既然是要保护野生动物，就势必要求社区居民对野生动物的活动予以必要的容忍，不能随心所欲地因为野生动物的活动而杀死它们。这一点我们依然可以在伦理上得到解释，即对于野生动物而言，生存是其基本利益，而它们的活动给社区居民的生产生活造成的干扰原则上并没

〔1〕 史玉成：“生态补偿的理论蕴涵与制度安排”，载《法学家》2008 年第4 期。

有损害人的基本利益，不能以人的非基本利益压倒野生动物的基本利益。当然，这不意味着社区居民只能听之任之，相反，社区居民当然可以采取必要措施防范野生动物可能造成的干扰和损害，但这种防范必须以不妨害野生动物的基本生存为限。另外，在野生动物已经侵害社区居民人身安全时，人的基本利益就应当压倒野生动物个体的基本利益。但对于人的经济活动而言，这种侵扰一般不会构成对人身安全的直接侵害，因此，这种情况下原则上不允许杀死野生动物的个体，尽管具体情况很复杂，还可以做更细致的探讨，但它作为原则立场应当用于处理人与野生动物利益发生冲突的场合。

二、野生动物致害法律补偿机制的缺陷

1992 年的《陆生野生动物保护实施条例》第 10 条规定："有关单位和个人对国家和地方重点保护野生动物可能造成的危害，应当采取防范措施。因保护国家和地方重点保护野生动物受到损失的，可以向当地人民政府野生动物行政主管部门提出补偿要求。经调查属实并确实需要补偿的，由当地人民政府按照省、自治区、直辖市人民政府有关规定给予补偿。"1993 年实施的《水生野生动物保护实施条例》第 10 条亦作出相似的规定。1988 年和修订后的 2004 年《野生动物保护法》都在第 14 条中规定："因保护国家和地方重点保护野生动物，造成农作物或者其他损失的，由当地政府给予补偿。补偿办法由省、自治区、直辖市政府制定。"法律从原则上规定了社区居民为保护野生动物而受到损失的，应当由各地政府予以补偿。法律对这个问题之所以只作原则性规定，原因是野生动物保护在不同的环境下各不相同，社区居民的

损失也存在极大差异，所以不宜在法律中作出统一规定，而应当交由各个地方政府根据本地的实际情况灵活处理。

学者罗施福据此认为中国对野生动物致人损害的救济机制的规范内容主要有：首先，可获救济的侵害限于国家和地方重点保护的野生动物的侵害。根据《野生动物保护法》的规定，在野生动物致人损害中，受害人可以获得救济的侵害动物仅限于国家和地方重点保护的野生动物。而且，目前已经制定相应的致害补偿办法的省市，则对致害的动物限于重点保护的陆生野生动物。其次，损害赔偿的责任主体为各地政府。根据《野生动物保护法》和《野生动物保护实施条例》的规定，对野生动物致人损害承担补偿义务的主体为当地人民政府，即损害行为发生地人民政府。云南、西藏等地多将对野生动物致害的审批部门明确界定为县（市）林业主管部门。再次，部分地方的损害补偿标准比较明确。如《陕西省重点保护陆生野生动物造成人身财产损害补偿办法》第8条规定，野生动物损毁农作物或经济林木，个户总产量损失60%以上的，按受损产量折成实价的50%给予补偿；伤害家畜的，对受伤家畜医疗费的补偿金额最高按此家畜价值的20%予以补偿；对死亡家畜的补偿金额按此家畜价值的50%予以补偿。又如《云南省重点保护陆生野生动物造成人身财产损害补偿办法》第7条第3款规定："造成死亡的，应当支付死亡补偿金、丧葬费。"最后，部分地方有比较明确的补偿程序规范。如《吉林省重点保护陆生野生动物造成人身财产损害补偿办法》第5、6条规定：对受到侵害的受害人，应自受损害之日起5日内向市县级补偿管理机构提交补偿申请书；市县级补偿管理机构在接到申请之后，应及时立案并派出不少于2人的专业技术调查人员进行调查核实，并根据不同的补偿金额，确定不同的审批主体。[1]

三、野生动物致害法律补偿的法律对策

从总体来看，并不是所有省、自治区和直辖市都已经制定了相应的补偿办法，即使制定了补偿办法的也存在许多缺憾：

（一）补偿范围的确定问题

显然，法律不是对所有因野生动物致害都予以补偿，其范围仅限于国家和地方所规定的保护名录中重点保护的野生动物。原因在于，列入保护名录的野生动物在法律上被规定为国家所有（地方政府作为国家的派出机关代为行使本地区的野生动物所有权），因而国家需要对自己享有“所有权”的野生动物致害作出补偿，其原理来源于中国的《物权法》及《民法通则》关于动物致害的归责原则。这意味着对野生动物国家拥有的是一种私法意义上的所有权。然而，在把野生动物定义为一种自然资源的私法的角度上，上述理解却出现了偏差。典型的例子如，在野生动物致人损害时，就应当由国家的代表机构国务院来承担赔偿责任。同时，由于很多野生动物会定期迁徙，我国境内的野生动物在迁徙到境外导致的致人损害是否也可以要求国务院承担损害赔偿责任呢？显然不是这样。野生动物资源显然具有流动性，那么跨境活动的野生动物即使在境外，我国也依然拥有所有权，如果外

---

〔1〕 罗施福：“论野生动物致害之法律救济”，载《学术论坛》2011年第5期。

国人伤害了这些野生动物就意味着侵犯了我国的自然资源所有权，应当承担民事责任，这显然不符合现实。

无论是宪法还是物权法上的国家对野生动物的所有权都不应理解为私法意义上的所有权，所以，国家只对名录中的重点保护野生动物致害予以补偿在法理上是存在问题的。在这个问题上，我们依然应当回到生态补偿的基本原理中去寻找依据，即野生动物保护作为一种公共物品，其效用为民族国家全体国民享受，而只有社区居民为此作出牺牲，如果不对他们予以补偿，则会产生搭便车的问题，最终将无人愿意保护野生动物。因此，补偿的基础并不在于先要确定野生动物的归属，或者说归属与补偿无关，对于任何一个遭受非人类存在物伤害的人类个体，都有权利得到他人的帮助，这是道德上人之为人应当做的正确的事情，也是国家作为全体国民代表应尽的法律义务。

（二）补偿损失的范围

此外，对于补偿哪些损失，目前有两种意见：第一种是只补偿直接损失，第二种是既补偿直接损失也补偿间接损失。中国的立法目前主要采纳的是第一种做法。例如，《西藏自治区重点陆生野生动物造成公民人身伤害和财产损失补偿暂行办法》第 2 条规定了申请政府补偿的几种情况：造成公民身体伤害或者死亡的；对农作物和经济作物造成损毁的；对圈养、归圈的牲畜造成伤害或者死亡的；对有人看护放养的牲畜造成伤害或者死亡的。云南省 1998 年《云南省重点保护陆生野生动物造成人身财产损害补偿办法》规定的四种适用情形是：对正常生活和从事正常生产活动的人员造成身体伤害或者死亡的；对在划定的生产经营范围内种植的农作物和经济林木造成较大损毁的；对居住在自然保护区的人员在划定的生产经营范围内放牧的牲畜，或者在自然保护区外有专人放牧的牲畜以及圈养、归圈的牲畜造成较重伤害或者死亡的以及经认定的其他情形。实际上，即使是直接损失的补偿其标准也是很低的。笔者认为，完全拒绝补偿间接损失并不合理，野生动物保护是一个长期的工作，这与其他类型的自然灾害不同，适当放宽补偿条件，有利于社区居民理解并参与保护工作。“在补偿方式和补偿标准的确定上，也还要有一定的柔性，即综合考虑不同地区的发展水平和不同时期的发展状况。既考虑满足需要也要现实可行，而且补偿标准也应具有随时间和市场变化进行调整的柔性。”[1] 同时，考虑到立法的稳定性，也不宜硬性规定按照直接损失予以补偿。事实上，对于这个问题的争议其实还源于这样一个认识，即补偿必然且只能是货币补偿。社区居民所受损失的形式是多种多样的，既可能是物质损失，也可能是非物质损失，而且考虑到中国西部地区的少数民族社区与自然保护区相互毗邻，补偿还要考虑文化因素，制度设计应当允许非货币手段补偿方式的存在，以满足不同地区不同情况下的需要。

（三）补偿主体的确定问题

生态补偿法律关系的主体是指依照法律规定有进行生态补偿的权利能力或负有生态补偿职责的国家、国家机关、法

---

〔1〕 蒋姮：《自然保护地参与式生态补偿机制研究》，法律出版社 2012 年版，第 97 页。

人（Legal Person）、其他社会组织以及自然人。[1] 由于根据现行的法律制度，现实中对野生动物实行各种形式的管控的主体确实不止国家，还存在其他主体，因此，其他主体应当和国家一起，承担相应的致害补偿义务。不过，补偿主体的难题恰恰在于，虽然法律已经明确各地方政府有义务作为补偿主体，然而《野生动物保护法》并没有规定究竟是哪一级的地方政府应当承担责任。目前已经出台的地方法规一般规定补偿主体为县（市）林业主管部门，但是规定却难以执行，原因很简单，不合理的财政体制导致县（市）根本不可能拿出大量经费用于补偿。有研究指出，各地省级政府为了减轻政府的财政支出，根本就不制定这方面的地方性规范文件；补偿范围不明确，究竟是补偿直接损失还是包括间接损失在内的全部损失没有明确规定，所以“补偿多少”难以操作，没有客观性的标准可以依据，主观随意性很大；补偿经费无保障，中国野生动物比较丰富的地区往往也是经济比较落后的西部地区，这些地区大都有着丰富的森林、水利、矿产等资源，但由于建立了自然保护区，在基础设施建设和工业发展中都要首先考虑对野生动物栖息地的影响，当地政府就失去了原先的主要财政收入，对于野生动物肇事损失的补偿由地方政府承担更是增加了他们的财政压力。[2]

基层政府既然享有事权，就应当配置相应的财权，否则

---

〔1〕 曹明德：“对建立生态补偿法律机制的再思考”，载《中国地质大学学报（社会科学版）》2010年第5期。

〔2〕 韦惠兰、贾亚娟、李阳：“自然保护区林缘社区野生动物肇事损失评估及补偿问题研究”，载《干旱区资源与环境》2008年第2期。

补偿义务就应当由有条件的上级政府承担。现行《野生动物法》第7条第1、2款规定："国务院林业、渔业行政主管部门分别主管全国陆生、水生野生动物管理工作。省、自治区、直辖市政府林业主管部门主管本行政区域内陆生野生动物管理工作。……"既然法律已经规定国家林业局和省、自治区、直辖市林业局行使相应的管理职责，那么这些部门就应当承担起致害补偿的责任。当然，这并不是说补偿主体只能是这些部门，县（市）部门也可以承担一定比例的补偿资金，具体比例可以交给地方立法决定，但主要的补偿责任应当由前者承担。

（四）补偿经费的来源问题

首先，补偿经费应当纳入财政拨款计划中，这是国家承担补偿责任的必然要求。不过，鉴于野生动物致害造成的损失具有不确定性，因而财政拨款有可能无法满足实际需要。因此，还应当努力拓宽资金来源。

一方面，可以通过商业保险机制筹措资金。例如，云南省目前正在努力探索用商业保险的方式构建补偿制度。"为妥善解决野生动物肇事补偿问题，云南省林业厅提出开展亚洲象公众责任保险的工作构想，希望运用市场手段来保障人民群众生命和财产安全，建立降低野生动物侵害风险的商业保险制度，逐步实现由政府直接补偿向商业保险赔偿的转变。通过省林业厅的牵线搭桥，安诺保险经纪有限责任公司云南分公司积极协助，西双版纳国家级自然保护区管理局与中国太平洋财产保险股份有限公司西双版纳中心支公司达成西双版纳亚洲象公众责任保险协议，这是中国第一份亚洲象公众责任保险合同，在国内外都没有先例。西双版纳亚洲象公众责任保险期限为2010年1月1日至12月31日，保险金额为285万元，最高赔偿限额为3000万元，保险费率9.5%。该协议的签订，对缓解人象冲突将起到积极的促进作用，受灾群众将得到更多的补偿。以亚洲象伤人为例，2000年初，大象踩死1人，仅赔偿5000元，以后虽增加到1万元、1.2万元，直到现在的5万元，还是远远未达到应补偿数；保险后，大象踩死1人，将可获20万元的赔偿。"[1] 如果这一制度发展成熟，可以总结经验向野生动物栖息地面积较大的西部地区推广。西部地区的经济发展水平比较落后，在财政不足的情况下，商业保险可以起到很大的补充作用。

另一方面，应当努力争取社会资金。例如，可以通过各种方式引进外国政府、金融机构、民间组织、环保社团及国际组织的基金，比如联合国环境署、亚洲银行、世界野生动物保护基金会、香港乐施会、福特基金等组织，通过这些组织直接对受补偿的社区居民予以资助。对于非政府组织捐赠的资金应当设立专项的野生动物保护基金进行管理。

---

〔1〕 武建雷、贺佳飞："云南为亚洲象买保险"，载《云南林业》2009年第6期。

参考文献

一、著作

1. ［美］Eugene P. Odum、Gary W. Barrett:《生态学基础》(第5版)，陆健健、王伟、王天慧、何文珊、李秀珍译，高等教育出版社2009年版。
2. ［美］戴斯·贾丁斯:《环境伦理学——环境哲学导论》，林官明、杨爱民译，北京大学出版社2002年版。
3. ［美］霍尔姆斯·罗尔斯顿:《哲学走向荒野》，刘耳、叶平译，吉林人民出版社2000年版。
4. ［美］彼得·辛格:《动物解放》，祖述宪译，青岛出版社2004年版。
5. ［美］彼得·辛格:《实践伦理学》，刘莘译，东方出版社2005年版。
6. ［美］汤姆·雷根:《动物权利研究》，李曦译，北京大学出版社2010年版。
7. ［澳］彼得·辛格、［美］汤姆·雷根:《动物权利与人类义务》，曾建平、代峰译，北京大学出版社2010年版。
8. ［美］约翰·罗尔斯:《正义论》，何怀宏、何包钢、廖申白译，中国社会科学出版社2009年版。

9. ［美］罗伯特·诺奇克:《无政府、国家和乌托邦》，姚大志译，中国社会科学出版社 2008 年版。
10. ［美］爱德华·O. 威尔逊:《造物——拯救地球生灵的呼吁》，马涛、沈炎、李博译，上海人民出版社 2009 年版。
11. ［美］G. L. 弗兰西恩:《动物权利导论——孩子与狗之间》，张守东、刘耳译，中国政法大学出版社 2005 年版。
12. ［美］约翰·G. 斯普兰克林:《美国财产法精解》，钟书峰译，北京大学出版社 2009 年版。
13. ［美］彼得·S. 温茨:《现代环境伦理》，宋玉波、朱丹琼译，上海人民出版社 2007 年版。
14. ［美］理查德·B. 哈里斯:《消逝中的荒野——中国西部野生动物保护》，张颖溢编译，中国环境科学出版社 2010 年版。
15. ［英］詹姆斯·拉伍洛克:《盖娅：地球生命的新视野》，肖显静、范祥东译，上海人民出版社 2007 年版。
16. ［英］边沁:《道德与立法原理导论》，时殷弘译，商务印书馆 2000 年版。
17. ［英］杰拉尔德·G. 马尔腾:《人类生态学——可持续发展的基本概念》，顾朝林、袁晓辉等译校，商务印书馆 2012 年版。
18. ［英］布赖恩·巴克斯特:《生态主义导论》，曾建平译，重庆出版社 2007 年版。
19. ［法］笛卡尔:《谈谈方法》，王太庆译，商务印书馆 2000 年版。
20. ［爱尔兰］菲利普·佩迪特:《语词的创造——霍布斯论语言、心智与政治》，于明译，北京大学出版社 2010 年版。

21. ［德］黑格尔:《法哲学原理》，范扬、张企泰译，商务印书馆 1961 年版。
22. ［德］阿图尔·考夫曼:《法律哲学》，刘幸义等译，法律出版社 2011 年版。
23. ［德］康德:《法的形而上学原理——权利的科学》，沈叔平译，商务印书馆 1991 年版。
24. ［瑞士］克里斯托弗·司徒博:《环境与发展——一种社会伦理学的考量》，邓安庆译，人民出版社 2008 年版。
25. ［澳］约翰·德赖泽克:《地球政治学：环境话语》，蔺雪春、郭晨星译，山东大学出版社 2008 年版。
26. 王玉樑、［日］岩崎允胤主编:《中日价值哲学新论》，陕西人民教育出版社 1994 年版。
27. 林灿铃:《国际环境法（修订版）》，人民出版社 2011 年版。
28. 裴广川主编:《环境伦理学》，高等教育出版社 2002 年版。
29. 蔡守秋:《调整论——对主流法理学的反思与补充》，高等教育出版社 2003 年版。
30. 王耘:《复杂性生态哲学》，社会科学文献出版社 2008 年版。
31. 卢风:《人、环境与自然——环境哲学导论》，广东人民出版社 2011 年版。
32. 雷毅:《深层生态学：阐释与整合》，上海交通大学出版社 2012 年版。
33. 何怀宏:《契约伦理与社会正义》，中国人民大学出版社 1993 年版。
34. 宋希仁:《西方伦理思想史》，中国人民大学出版社 2004 年版。
35. 徐向东:《自我、他人与道德——道德哲学导论》（下册），商务印书馆2007年版。
36. 张立伟:《权利的功利化及其限制》，科学出版社2009年版。
37. 夏勇:《人权概念起源——权利的历史哲学》，中国社会科学出版社2007年版。
38. 黄晓行、李建军:“关于动物道德地位的伦理辩护”，载《自然辩证法通讯》2011年第6期。
39. 霍伟岸:《洛克权利理论研究》，法律出版社2011年版。
40. 王利明:《民法》，中国人民大学出版社2007年版。
41. 郑冲、贾红梅译:《德国民法典》，法律出版社2001年版。
42. 杨立新:《民法物格制度研究》，法律出版社2008年版。
43. 陈泉生等:《科学发展观与法律发展：法学方法论的生态化》，法律出版社2008年版。
44. 蔡守秋:《人与自然关系中的伦理与法》（上卷），湖南大学出版社2009年版。
45. 吕世伦、文正邦主编:《法哲学论》，中国人民大学出版社1999年版。
46. 汪劲:《环境法律的理念与价值追求——环境立法目的论》，法律出版社2000年版。
47. 李锡鹤:《民法哲学论稿》，复旦大学出版社2009年版。
48. 徐国栋:《民法哲学》，中国法制出版社2009年版。
49. 黄丁全:《医疗法律与生命伦理》，法律出版社2007年版。
50. 颜厥安:《鼠肝与虫臂的管制——法理学与生命伦理探究》，北京大学出版社2006年版。
51. 高利红:《动物的法律地位研究》，中国政法大学出版社2005年版。
52. 崔拴林:《论私法主体资格的分化与扩张》，法律出版社2009

年版。
53. 张锋：《自然的权利》，山东人民出版社 2006 年版。
54. 汪劲、严厚福、孙晓璞编译：《环境正义：丧钟为谁而鸣》，北京大学出版社 2006 年版。
55. 周训芳：《生态公益视野中的农民土地权益法律保障制度研究》，湖南人民出版社 2010 年版。
56. 国家林业局野生动植物保护司、国家林业局政策法规司编：《中国自然保护区立法研究》，中国林业出版社 2007 年版。
57. 许学工、Paul F. J. Eagles、张茵：《加拿大的自然保护区管理》，北京大学出版社 2000 年版。
58. 赵俊：《环境公共权力论》，法律出版社 2009 年版。
59. 艾四林、王贵贤、马超：《民主、正义与全球化——哈贝马斯政治哲学研究》，北京大学出版社 2010 年版。
60. 何群：《环境与小民族生存——鄂伦春文化的变迁》，社会科学文献出版社 2006 年版。
61. 都永浩：《鄂伦春族游猎·定居·发展》，中央民族大学出版社 1993 年版。
62. 包路芳：《社会变迁与文化调适——游牧鄂温克社会调查研究》，中央民族大学出版社 2006 年版。
63. 王利明主编：《中国物权法草案建议稿及说明》，中国法制出版社 2001 年版。
64. 曹明德：《生态法原理》，人民出版社 2002 年版。
65. 崔建远：《土地上的权利群研究》，法律出版社 2004 年版。
66. 崔建远：《准物权研究》，法律出版社 2012 年版。
67. 王利明：《物权法研究》，中国人民大学出版社 2002 年版。
68. 吴雅芝：《最后的传说——鄂伦春族文化研究》，中央民族大学出版社2006年版。
69. 蒋姮:《自然保护地参与式生态补偿机制研究》,法律出版社2012年版。

二、论文

1. 邱耕田:“从绝对人类中心主义走向相对人类中心主义”,载《自然辩证法研究》1997年第1期。
2. 吴仁平、彭坚:“从传统的人类中心主义走向理性的人类中心主义”,载《求实》2004年第12期。
3. 黄藹明:“关于‘人类中心主义’和‘人类沙文主义’”,载《道德与文明》1999年第3期。
4. 邹诗鹏:“追求成熟的人类中心主义”,载《吉林大学社会科学学报》1999年第6期。
5. 任暟:“‘人类中心主义’辨正”,载《哲学动态》2001年第1期。
6. 熊进:“走不出的‘人类中心主义’”,载《中国地质大学学报(社会科学版)》2004年第6期。
7. 汪琼:“一种生物中心主义的环境伦理学体系——从泰勒的《尊重自然》一书看其环境伦理学思想”,载《浙江学刊》2001年第2期。
8. 韩民青:“从人类中心主义到大自然主义”,载《东岳论丛》2010年第6期。
9. 王宁:“个体主义与整体主义对立的新思考——社会研究方法论的基本问题之一”,载《中山大学学报(社会科学版)》,2002年第2期。
10. 崔拴林:“论动物福利概念的内涵——动物客体论语境下的

分析”，载《河北法学》2012 年第 2 期。
11. 杨通进：“动物拥有权利吗”，载《河南社会科学》2004 年第 6 期。
12. 滕海键：“利奥波德的土地伦理观及其生态环境学意义”，载《地理与地理信息科学》2006 年第 2 期。
13. 张冬烁、谢亚兰：“克利考特伦理整体主义理论研究”，载《世界哲学》2008 年第 4 期。
14. 龙翼飞、杨建文：“论所有权的概念”，载《法学杂志》2008 年第 2 期。
15. 孔庆明：“黑格尔法哲学要义简析”，载《烟台大学学报（哲学社会科学版）》2001 年第 1 期。
16. 萧诗美：“黑格尔所有权理论的哲学诠释”，载《学术研究》2009 年第 7 期。
17. 高利红：“动物作为物的法律本质”，载《郑州大学学报（哲学社会科学版）》2005 年第 1 期。
18. 陈本寒、周平：“动物法律地位之探讨——兼析我国民事立法对动物的应有定位”，载《中国法学》2002 年第 6 期。
19. 蔡守秋：“从对《德国民法典》第 90a 条的理解展开环境资源法学与民法学的对话”，载《南阳师范学院学报（社会科学版）》2006 年第 4 期。
20. 李锡鹤：“民法‘物格’说引起的思考”，载《法学》2010 年第 8 期。
21. 张广利：“后现代主义与社会学研究方法”，载《社会科学研究》2001 年第 4 期。
22. 陈慧平：“对后现代主义的深层解读”，《首都师范大学学报（社会科学版）》2001 年第 1 期。

23. 胡长栓："表达生存焦虑的怀疑论——反思现代性科学中的后现代主义"，载《自然辩证法研究》2007 年第 3 期。
24. 吴书林："海德格尔论现代技术的'危险'与'拯救'"，载《浙江学刊》2007 年第 3 期。
25. 宋文新："技术异化及思维方式变革——兼评海德格尔的技术拯救之道"，载《自然辩证法研究》2004 年第 7 期。
26. 詹艾斌："主体性：后现代语境中的批判与理论重建"，载《云南社会科学》2009 年第 6 期。
27. 刘绍学："'破'与'立'——后现代主义对'主体性'的解构与重建"，载《上海大学学报（社会科学版）》2004 年第 6 期。
28. 高鸿："西方近代主体性哲学的形成、发展及其困境"，载《理论导刊》2007 年第 3 期。
29. 刘宇兰："主体性及其批判——兼论阿尔都塞哲学"，载《理论月刊》2012 年第 3 期。
30. 孙国华、冯玉军："后现代主义法学理论述评"，载《现代法学》2001 年第 2 期。
31. 周世中："现代性的精神维度与法的主体性——兼论后现代性视角下的法的主体性"，载《河北法学》2009 年第 8 期。
32. 陈弘毅："从福柯的《规训与惩罚》看后现代思潮"，载《环球法律评论》2001 年第 3 期。
33. 王新举："论后现代主义对法律主体的解构和建构——以过程哲学为视角"，载《求是学刊》2008 年第 5 期。
34. 胡旭晟、宁洁："困境及其超越：法伦理学基本问题再研究"，载《湘潭大学学报（哲学社会科学版）》2011 年第 3 期。

35. 朱春玉："环境法学体系的重构"，载《中州学刊》2010 年第 5 期。

36. 龙卫球："法律主体概念的基础性分析（下）——兼论法律的主体预定理论"，载《学术界》2000 年第 4 期。

37. 李萱："法律主体资格的开放性"，载《政法论坛》2008 年第 5 期。

38. ［德］汉斯·哈腾鲍尔："民法上的人"，孙宪忠译，载《环球法律评论》2001 年第 4 期。

39. 尹田："论法人人格权"，载《法学研究》2004 年第 4 期。

40. 马俊驹："人与人格分离技术的形成、发展与变迁——兼论德国民法中的权利能力"，载《现代法学》2006 年第 4 期。

41. 李拥军："从'人可非人'到'非人可人'：民事主体制度与理念的历史变迁——对法律'人'的一种解析"，载《法制与社会发展》2005 年第 2 期。

42. 叶欣："私法上自然人法律人格之解析"，载《武汉大学学报（哲学社会科学版）》2011 年第 6 期。

43. 林振山、汪曙光："栖息地毁坏与动物物种灭绝关系的模拟研究"，载《生态学报》2002 年第 4 期。

44. 吴金梅、王明刚："野生动物栖息地亟法律保护"，载《黑龙江环境通报》2005 年第 3 期。

45. 戴晓东："荒野中的天国之梦——论清教徒的宗教使命感"，载《上海师范大学学报（哲学社会科学版）》2001 年第 5 期。

46. 王永生："自然的恩赐——国家公园百年回首"，载《生态经济》2004 年第 6 期。

47. ［美］Scott Friskics："扭曲框架下一段荒野思想的演进史——

评《荒野论争热潮的新进展》”，郭辉译，载《南京林业大学学报（人文社会科学版）》2010年第4期。

48. ［美］斯科特·福瑞斯克斯：“原始荒野的双重神秘性：非情境性语言对荒野法案的误读”，孙越译，载《南京林业大学学报（人文社会科学版）》2010年第4期。

49. 孙道进：“荒野自然观：人学空场的费尔巴哈自然观”，载《科学技术与辩证法》2005年第4期。

50. 王权典：“再论自然保护区立法基本问题——兼评《自然保护地法》与《自然保护区域法》之草案稿”，载《中州学刊》2007年第3期。

51. 王曦、曲云鹏：“简析我国自然保护区立法之不足与完善对策”，载《学术交流》2005年第9期。

52. 徐本鑫：“我国自然保护地综合性框架立法模式论析”，载《内蒙古社会科学（汉文版）》2010年第6期。

53. 欧阳志云、王效科、苗鸿、韩念勇：“我国自然保护区管理体制所面临的问题与对策探讨”，载《科技导报》2002年第1期。

54. 张风春、朱留财、彭宁：“欧盟Natura 2000：自然保护区的典范”，载《环境保护》2011年第6期。

55. 周珂、侯佳儒：“中国自然保护区分类体系的立法完善”，载《首都师范大学学报（社会科学版）》2007年第2期。

56. 杨建美：“泰国保护地管理现状评介”，载《思茅师范高等专科学校学报》2011年第3期。

57. 林森：“野生动植物保护与自然保护区建设法制研究”，载《法制与社会》2011年第14期。

58. 王智、蒋明康、朱广庆、陶思明、周海丽：“IUCN保护区分类系统与中国自然保护区分类标准的比较”，载《农村生态环境》2004 年第 2 期。

59. 蒋明康、王智、朱广庆、陶思明、周海丽：“基于 IUCN 保护区分类系统的中国自然保护区分类标准研究”，载《农村生态环境》2004 年第 2 期。

60. 世界自然保护联盟：“《保护区管理分类系统》的全球应用”，载《世界环境》2010 年第 3 期。

61. 黄丽玲、朱强、陈田：“国外自然保护地分区模式比较及启示”，载《旅游学刊》2007 年第 3 期。

62. 蒋志刚：“论中国自然保护区的面积上限”，载《生态学报》2005 年第 5 期。

63. 周莉：“土地权属改革与自然保护区有效保护”，载《新远见》2007 年第 9 期。

64. 马燕：“我国自然保护区立法现状及存在的问题”，载《环境保护》2006 年第 21 期。

65. 苏杨：“改善中国自然保护区管理的对策”，载《绿色中国》2004 年第 9 期。

66. 柏成寿：“巴西自然保护区立法和管理”，载《环境保护》2006 年第 21 期。

67. 杨素娟：“日本自然保护区管理制度评介”，载《世界环境》2002 年第 4 期。

68. 周建华、温亚利：“中国自然保护区土地权属管理现状及发展趋势”，载《环境保护》2006 年第 21 期。

69. 魏瑞芳、李文军：“保护管理权交易：非自然保护区所有的土地管理问题之探讨——以盐城自然保护区为例”，载《资源科学》2005 年第 6 期。

70. 周训芳：“自然保护区集体林权制度改革探索”，载《林业资源管理》2010年第1期。
71. 唐孝辉、阿荣：“草原地役权制度之实践价值”，载《前沿》2011年第23期。
72. 苏杨：“中国自然保护区资金机制问题及对策”，载《环境保护》2006年第21期。
73. 林森：“略论我国自然保护区资金机制的法律完善”，载《西安建筑科技大学学报（社会科学版）》2012年第6期。
74. 刘通：“我国禁止开发区域利益补偿政策评述”，载《经济研究参考》2007年第62期。
75. 朱广庆：“国外自然保护区的立法与管理体制”，载《环境保护》2002年第4期。
76. 王权典：“自然保护区资源保护管理社会性收费问题法律探究”，载《法学家》2008年第3期。
77. 王金凤、刘永、郭怀成、王真：“新西兰自然保护区管理及其对中国的启示”，载《环境保护》2006年第5期。
78. 吴健、文峰：“公共管理背景下的国家级自然保护区财政改革”，载《环境保护》2005年第5期。
79. 中国自然保护区投资机制研究课题组：“中国自然保护区投资机制研究”，载《林业经济》2000年第3期。
80. 王富有、陈建华：“自然保护区经费来源问题研究”，载《西北林学院学报》2008年第6期。
81. 周训芳、吴晓芙：“我国自然保护区土地权属立法中的几个问题”，载《林业经济问题》2006年第5期。
82. 刘圣中：“私人性与公共性——公共权力的两重属性及其归宿”，载《浙江学刊》2003年第2期。

83. 颜佳华、苏曦凌："行政理性论"，载《湘潭大学学报（哲学社会科学版）》2010 年第 5 期。
84. 唐土红："论权力合法性的伦理意蕴"，载《伦理学研究》2010 年第 5 期。
85. 蔡守秋："环境正义与环境安全——二论环境资源法学的基本理念"，载《河海大学学报（哲学社会科学版）》2005 年第 2 期。
86. 乔世明、林森："论合法性视角下的政府环境公共权力"，载《内蒙古社会科学（汉文版）》2013 年第 4 期。
87. 郭道晖："论社会权力的存在形态"，载《河南省政法管理干部学院学报》2009 年第 4 期。
88. 王宝治："从价值层面论证社会权力存在的必要性"，载《河北学刊》2011 年第 1 期。
89. 钱宁："谁是西部发展的主体——论少数民族在西部发展中的地位与作用"，《贵州民族学院学报（哲学社会科学版）》2003 年第 6 期。
90. 孙兵："公众参与：服务行政的合法证成与动力供给"，载《河北法学》2010 年第 7 期。
91. 查干姗登："狩猎采集社会研究述评"，载《学术研究》2010 年第 5 期。
92. 胡子："豪华狩猎瞄准野生动物"，载《青岛画报》2007 年第 1 期。
93. 龚明昊、宋延龄、阿布塔里甫·阿利："甘肃阿克塞哈尔腾国际狩猎场的可持续经营对策研究"，载《四川动物》2007 年第 1 期。
94. 蒋志刚："野生动物的价值与生态服务功能"，载《生态学报》2001 年第 11 期。
95. 林森：“论新疆野生动物资源保护措施的完善”，载《安徽农业科学》2012 年第 29 期。
96. 陈叶兰：“论农村环境自治权”，载《武汉理工大学学报(社会科学版)》2012 年第 1 期。
97. 赵殿升：“世界狩猎业管理”，载《野生动物》1993 年第 6 期。
98. 马鹏：“基于可持续发展观下的我国狩猎旅游发展策略探究”，载《北京第二外国语学院学报》2007 年第 2 期。
99. 韦志明、冉瑞燕：“论环境习惯法的环保效力”，载《青海民族研究》2013 年第 3 期。
100. 甘措、彭毛卓玛：“论藏族民间环保习惯法之思想渊源”，载《青海民族研究》2008 年第 3 期。
101. 房若愚：“新疆少数民族传统信仰中的生态保护意识”，载《新疆师范大学学报（哲学社会科学版)》2007 年第 1 期。
102. 韦志明：“民族习惯法对西部生态环境保护的可能贡献”，载《内蒙古社会科学（汉文版)》2007 年第 6 期。
103. 何群：“环境与小民族生存”，载《世界民族》2006 年第 6 期。
104. 何群：“清以来大小兴安岭环境与狩猎文化的生态人类学观察——鄂伦春族个案（下)”，载《满语研究》2007 年第 2 期。
105. 麻国庆：“开发、国家政策与狩猎采集民社会的生态与生计——以中国东北大小兴安岭地区的鄂伦春族为例”，载《学海》2007 年第 1 期。
106. 宁红丽：“狩猎权的私法视角界定”，载《法学》2004 年第

12 期。

107. 刘宏明:“浅议猎捕权法律问题”, 载《中国林业》2004 年第 13 期。

108. 戴孟勇:“狩猎权的法律构造——从准物权的视角出发”, 载《清华法学》2010 年第 6 期。

109. 史玉成:“生态补偿的理论蕴涵与制度安排”, 载《法学家》2008 年第 4 期。

110. 罗施福:“论野生动物致害之法律救济”, 载《学术论坛》2011 年第 5 期。

111. 曹明德:“对建立生态补偿法律机制的再思考”, 载《中国地质大学学报(社会科学版)》2010 年第 5 期。

112. 韦惠兰、贾亚娟、李阳:“自然保护区林缘社区野生动物肇事损失评估及补偿问题研究”, 载《干旱区资源与环境》2008 年第 2 期。

113. 武建雷、贺佳飞:“云南为亚洲象买保险”, 载《云南林业》2009 年第 6 期。

114. 赵俊、赵园园:“论政府环境权力的性质”, 载《生态文明与环境资源法——2009 年全国环境资源法学研讨会(年会)论文集》, 2009 年。

115. 暨诚欣:“中国运动狩猎业可行性研究”, 东北林业大学 2007 年硕士学位论文。

116. Gary Steiner, “Cosmic Holism and Obligations toward Animals: A Challenge to Classic Liberalism”, *Journal of Animal Law and Ethnics*, May 2007.

117. Tucker Culbertson, “Animal Equality, Human Dominion and Fundamental Interdependence”, *Journal of Animal Law*, 2009.

118. *David Fagundes*, "*What We Talk about When We Talk about Persons: The Language of a Legal Fiction*", *Harvard Law Rreview*, Vol. 114, No. 6, April 2001.

三、网络文献

1. "欧盟下令全面禁止化妆品动物实验", 载 http://finance.sina.com.cn/stock/usstock/c/20130311/202014793791.shtml, 最后访问日期: 2015 年 3 月 18 日。
2. "罗布泊 500 头野骆驼亟待保护, 珍贵堪比大熊猫", 载 http://news.ifeng.com/mainland/detail_2010_11/10/3056477_0.shtml, 最后访问日期: 2015 年 3 月 18 日。
3. "2011 中国林业发展报告", 载 http://www.forestry.gov.cn/portal/jjyj/s/1585/content-510554.html, 最后访问日期: 2015 年 3 月 18 日。

四、其他文献

1. 罗国杰主编:《中国伦理学百科全书·伦理学原理卷》, 吉林人民出版社 1993 年版。
2. 任超奇主编:《新华汉语词典》, 崇文书局 2006 年版。
3. 金炳华主编:《马克思主义哲学大辞典》, 上海辞书出版社 2003 年版。
4. 廖盖隆、孙连成、陈有进等编:《马克思主义百科要览》(上卷), 人民日报出版社 1993 年版。
5. 徐少锦、温克勤主编:《伦理百科辞典》, 中国广播电视出版社 1999 年版。
6. 孙国华主编:《中华法学大辞典》(法理学卷), 中国检察出版社 1997 年版。

7. 邓绶林主编:《地学辞典》，河北教育出版社 1992 年版。

8. 《环境科学大辞典》编辑委员会编:《环境科学大辞典》，中国环境科学出版社 1991 年版。

9. 石云龙、李寄主编:《新世纪英汉词典》，南京大学出版社 1999 年版。

10. 邓治凡主编:《汉语同韵大词典》，崇文书局 2010 年版。

后　记

本书的主要内容源于我的博士学位论文，鉴于野生动物保护问题的复杂性，加上本人才疏学浅，相关思考和研究只涉及本人感兴趣的一些问题，因而必定存在诸多不足之处，希望以后有机会再继续完善。

本书是我在中国政法大学博士后流动站工作期间修改完成，在这一过程中得到了许多帮助和鼓励。首先，本人要感谢中国政法大学国际环境法研究中心主任、博士生导师林灿铃教授，是老师给予我宝贵的机会，本人才能在中国政法大学从事博士后研究工作。老师治学严谨，心怀人类环境公益，是我终生学习的榜样。其次，本人要感谢师门各位兄弟姐妹，他们是与我一起研习和探索国际环境法的彩云、继勇、珂如、乾睿、兴伟、昌伟、文彬、姜磊、张婷、李艳、林欢、晨阳、朔桦，还有已毕业的杜双、文静、志坚、洪魁、迅雷。同时，我还要感谢汶燕师姐、丹宇师姐、相珊师兄、王惠师姐、前明师兄、光坤师兄等师门前辈。如果我有任何进步，那都是大家鞭策和督促的结果。

本书的出版要特别感谢彭江老师，没有彭老师的辛苦工作，本书不会顺利出版。

林 森
2015 年 3 月 20 日